中国绿色发展
理论创新与实践探索丛书

总编 / 权衡 王德忠

碳中和导向的长三角
生态绿色一体化发展

周伟铎 / 著

Carbon Neutrality Oriented Green
and Integrated Ecological Development
of the Yangtze River Delta

上海社会科学院出版社
SHANGHAI ACADEMY OF SOCIAL SCIENCES PRESS

总　序

绿色发展是新发展理念的重要组成部分,党的十八大以来,中国深入贯彻绿色发展理念,绿色发展的理论创新和实践探索不断取得新的重大进展。党的十九届五中全会明确了"十四五"时期推动绿色发展、促进人与自然和谐共生的战略目标,对未来五年乃至更长时期的生态文明建设作出战略谋划:生活方式绿色转型成效显著,广泛形成绿色生产生活方式,碳排放达峰后稳中有降,生态环境根本好转,美丽中国建设目标基本实现。站在"两个一百年"奋斗目标的历史交汇点上,中国绿色发展表现出新的理论内涵和实践要求。

碳达峰、碳中和目标彰显了中国绿色发展的新使命。中国从"碳达峰"到"碳中和"的时间只有 30 年左右,与发达国家相比时间大大缩短,全球尚无成熟的碳达峰、碳中和经验可供借鉴,有必要探索速度快、成本低、效益高的中国碳达峰、碳中和道路。

生态环境治理体系和治理能力现代化彰显了中国绿色发展的新作为。生态环境治理体系和治理能力现代化是生态文明体制改革的具体体现,新时代中国迫切需要建立制度化、法治化、现代化的生态环境治理体系,以适应当今日益复杂的生态环境问题和公众对美好生态环境的新期待。

城市绿色转型彰显了中国绿色发展的新载体。城市是绿色发展的主战场,随着中国经济进入转型换挡的新常态,以要素投入、盲目扩张为特点的粗放发展模式已经难以为继,城市的发展方式、运行模式和空间布局都面临着转型升级的新任务,需要探讨人民城市、零碳城市背景下城市绿色转型的实现路径。

区域生态绿色一体化发展彰显了中国绿色发展的新空间。绿色发展不是一时一地的事情,新时代绿色发展必须发挥区域协同作用,构建完善有利于区域生态绿色一体化发展的体制机制和政策环境。

新时代提出新课题,新课题催生新理论,新理论引领新实践,在迈向全面建成社会主义现代化强国新征程中,深入研究新时代中国绿色发展的理论与实践逻辑,对于抓住百年未有之大变局下的绿色发展机遇,促进经济社会发展全面绿色转型,实现人与自然和谐共生的现代化,具有重要的理论和现实意义。在这样的大背景下,《中国绿色发展:理论创新与实践探索丛书》第二辑应运而生。恰如丛书名所言,这套丛书在第一辑的基础上,进一步将理论探讨和实践解析深度结合,从不同角度解读中国绿色发展的理论内涵与实践特征,为探索中国特色生态经济学学科理论体系建设、推动绿色发展、促进人与自然和谐共生贡献力量。

是为序。

编者

2021 年 12 月 10 日

目　录

第一篇　长三角生态绿色一体化
发展的意义及内涵

第二篇 长三角生态绿色一体化发展的实践及政策评估

前　言

随着拜登上台,美国重返《巴黎协定》,全球气候治理愿景明确,但模式和路径存在巨大不确定性。中国如何在大变局中应对气候变化挑战并把握其带来的机遇,在确保中国发展道路和发展空间的同时,引导应对气候变化国际合作并推动全球生态文明建设,需要有清晰、坚定的全球气候治理长期战略。中国将 2030 年前碳排放达峰和锚定努力争取 2060 年前碳中和的目标纳入国家"十四五"规划纲要,为全球气候治理提供了蓝图和希望。

长三角区域是我国经济发展水平最高、综合经济实力最强的区域,是美丽中国建设的先行示范区。长三角区域也是我国应对气候变化政策实践和创新的重要区域,长三角区域一体化战略上升为国家战略,为长三角区域协同应对气候变化提供了新的战略空间和政策支撑。研究碳中和视角下的长三角区域生态绿色一体化发展的背景与时代意义,可以为我国其他区域的绿色低碳转型提供决策参考,有助于推动我国生态文明制度体系的完善,为我国治理体系和治理能力的现代化提供制度保障。长三角区域作为我国构建双循环格局的关键区域,提升长三角一体化发展水平,推进生态环境共保联治,对我国实现碳达峰和碳中和目标具有决定性意义。

碳中和视角下,长三角区域生态绿色一体化发展的现实基础主要有四个方面。第一,长三角区域面临的气候风险灾害严重,气候变化适应面临共同的挑战。近年来长三角区域受风暴潮和海浪等气候灾害的经济损失数额巨大。第二,在应对气候变化制度建设方面,长三角区域三省一市仍未实现跨省对接。在碳交易市场、绿色投融资机制、碳排放总量控制方面,长三角区域尚未形成区域一体化的政策方案。第三,在减缓气候变化方面,长三角区域在碳减排关键部门的政策亟须协同。在发展低碳产业、低碳交通运输体系、低碳能源供给基础设施建设和要素市场化配置方面,长三角区域仍未实现一体化。第四,在管理与决策方面,协同降低气候变化对人群的健康风险仍缺乏数据支撑。疾病监测数据却会因地点和疾病的不同而变化,而长三角区域由于在相关数据监测方面缺乏共享,无法实现协同降低复杂生态变化过程引起的病患或者健康效应。

长三角区域生态绿色一体化发展具有坚实的理论基础。首先,从马歇尔的外部性理论来看,气候变化问题是影响全球可持续发展的首要问题,具有显著的负外部性。其次,从赫尔曼·哈肯的协同理论来看,协同应对气候变化是区域协同治理的重要议题,是协同治理理论在气候变化问题上的应用。最后,结合庇古理论、科斯定理,经济政策机制创新是长三角区域实现一体化发展的制度动力。

到目前为止,专家学者、研究团体或地方政府对长三角区域一体化的研究,多聚焦在长三角区域基础设施互联互通、G60科创走廊建设、沿沪宁产业创新带建设等,而对长三角区域生态绿色一体化发展方面的研究存在不足之处。一方面,长三角区域生态绿色一体化发展示范区的设立,为长三角区域一体化发展战略提供了新的内涵,而传统的区域一体化研究缺少从生态共建和协同应对气候变化的角度来进行理论思考。另一方面,碳中和目标的提出,对长三角区域一体化提出了更高的要求,传统的产业一体化思路并未将碳排放作为一种成本纳入考量。因此,碳中和视角下的长三角生态绿色一体化发展既需要理论的创新,又需要实践经验的支撑。

基于此,本书在借鉴国内外相关研究的基础上,提出了长三角区域生态绿色一体化发展的内涵,总结了长三角区域的生态绿色一体化发展方面的实践进展,并对当前的政策进行评估,提出长三角区域实现碳中和的重点任务;本书还从国际视角对一些优秀案例进行了总结,希望能够对长三角区域实现碳中和提供经验借鉴,以便指导长三角区域更好地推进碳达峰和碳中和目标的实现。

本书的理论价值和应用价值,主要体现在以下三个方面:

一是系统性。本书根据长三角区域生态绿色一体化发展的实践经验和进展,借鉴国内外区域生态绿色一体化发展的经验,提出了碳中和视角下长三角区域生态绿色一体化发展的机制和对策。

二是针对性。本书针对影响长三角区域生态绿色一体化发展的三个重点领域,即共建绿色基础设施以适应气候风险、共创协同治理的机制以推动生态环境共保联治、区域协同应对气候变化问题进行了重点分析,结合国内外经验提出了具有针对性的机制政策。

三是协同性。本书从理论上揭示了长三角区域生态优先、绿色发展与长三角区域一体化之间的本质关系,更新了长三角区域一体化的内涵,指明了碳中和与区域一体化、可持续发展、应对气候变化和生态文明建设的内在统一和相互促进,突出了大气污染与气候变化的协同治理、绿色基础设施协同共建、推进生态环境治理体系和治理能力现代化的协同。

从内容设计上,本书按照为什么要推进长三角生态绿色一体化发展、什么是长三角生态绿色一体化发展、碳中和约束下怎样实现长三角生态绿色一体化发展的逻辑框架,深化了长三角区域一体化发展的认识,规范了长三角生态绿色一体化发展的内涵,评估了长三角区域在推动生态绿色一体化发展的政策效果,提出了长三角区域通过生态绿色一体化发展实现碳中和的机制和对策。基于此逻辑,本书共包括四篇十章。

第一篇,长三角生态绿色一体化发展的内涵和实践进展。2018年,长三角区域一体化发展正式上升为国家发展战略,深入挖掘绿色一体化发展的内涵,探索行之有效的模式,是推动长三角区域一体化发展的理论之源和不竭动力。就理论研究和建设实践的层面来看,目前对于长三角区域一体化发展有比较统一的认识,认为长三角区域一体化发展的长期目标是建成我国发展强劲活跃增长极;2060年前实现碳中和目标的提出,为长三角区域一体化发展提出了新的要求,但对于碳中和视角下的长三角生态绿色一体化发展,相关研究还不充分。长三角生态绿色一体化发展涉及领域众多,真正做到生态优先、绿色发展的一体化发展模式,是对中国乃至全球区域协调可持续发展的重大贡献。

第二篇,长三角生态绿色一体化发展的实践及政策评估。党的十八大以来,长三角一体化发展取得明显成效,在推动经济高质量发展、建设现代化经济体系、打赢蓝天保卫战等领域取得了一定的成绩。然而从碳中和的视角来看,当前长三角区域的低碳发展水平差异明显,亟须以生态绿色一体化发展理念协同实现碳中和。长三角区域三省一市目前在能源生产和消费结构、产业结构、低碳发展水平、绿色基础设施建设、区域电力交易市场建设、区域协同机制和大数据赋能碳中和等方面还存在明显的差异,是碳中和视角下长三角区域生态绿色一体化发展亟须解决的重点任务。

第三篇,区域生态绿色一体化发展的国际经验。在碳中和视角下,国际上一些区域已经将零碳目标融入区域的开发之中,形成了具有示范意义的零碳技术的推广和应用模式,为区域的生态绿色一体化发展提供了案例范本。而空气污染作为影响人类健康福祉的气候风险,国际上已经形成了比较成功的治理经验。本部分从气候变化适应、零碳目标的设定、区域电力市场的构建、气候变化与大气污染的协同治理、国际可再生能源发展政策、大数据在气候风险防范中的应用、大气健康风险管理等领域进行了总结,希望能够为长三角区域生态绿色一体化发展提供经验借鉴。

第四篇,长三角区域生态绿色一体化的关键机制和对策。碳中和目标的提出为长三角区域生态绿色一体化发展提供了抓手,长三角区域可以以碳中和为目标,倒逼三省一市在能源清洁化转型、产业零碳转型、电力市场化改革、绿色基础设施建设、大气污染治理、气候治理智慧转型等领域共建合作机制,进而推动长三角区域生态绿色一体化发展。而落实这些机制,长三角区域需要实现碳中和目标,需要做到以下六个方面:能源生产率增加两倍,降低碳中和成本;借助可再生能源,推进电气化进程;完善新技术商业应用生态系统,推动清洁技术发展;重构工业部门,打造零碳工业体系;完善绿色金融体系,确保快速而公正的转型;组建长三角城市碳中和联盟,打造学习交流平台。

本书为 2019 年上海市哲学社会科学规划青年课题(2019EJL001)"长三角区域协同推进大气污染一体化治理研究"、2019 年沪苏浙皖"长三角高质量一体化发展重大问题研究"专项课题(2019CSJ015)"长三角区域协同应对气候变化的重点任务与机制创新"的研究成果。

南京农业大学公共管理学院杜焱强副教授、浙江省经济信息中心肖相泽助理研究员、温州理工大学蒋天虹教授、山东师范大学《中国人口资源与环境》编辑部蒋金星编辑、上海交通大学中英国际低碳学院张宇泉副教授参与了项目设计及报告撰写、数据采集与分析等工作。参与项目研究的成员还有上海社会科学院生态与可持续发展研究所周冯琦研究员、中国社会科学院生态文明研究所庄贵阳研究员、中共北京市委党校经济学部薄凡讲师、University College London 的孟靖博士、北京市社会科学院经济所徐李璐邑博士、西南财经大学社会发展研究院张云亮博士、河北经贸大学财政与税务学院李东松博士等。

本书由周伟铎负责撰写和统校。感谢上海社会科学院生态与可持续发展研究所所长周冯琦研究员对笔者在撰写和出版过程中给予的关心、支持和帮助。感谢上海社会科学出版社熊艳编辑的认真审读并提供宝贵意见。由于长三角区域一体化发展研究与实践日新月异,本书难免疏漏和不足,期待同行专家和读者批评指正。

周伟铎

2021 年 4 月

第一篇　长三角生态绿色一体化发展的意义及内涵

2018 年长三角区域一体化发展正式上升为国家发展战略，深入挖掘绿色一体化发展的内涵，探索行之有效的模式，是推动长三角区域一体化发展的理论之源和不竭动力。就理论研究和建设实践的层面来看，目前对于长三角区域一体化发展有比较统一的认识，认为长三角区域一体化发展的长期目标是建成我国发展强劲活跃增长极；2060 年前实现碳中和目标的提出，为长三角区域一体化发展提出了新的要求，但对于碳中和视角下的长三角生态绿色一体化发展，相关研究还不充分。长三角生态绿色一体化发展涉及领域众多，真正做到生态优先、绿色发展的一体化发展模式，是对中国乃至全球区域协调可持续发展的重大贡献。

第一章 长三角生态绿色一体化发展的背景与时代意义

长三角区域是我国经济发展水平最高、综合经济实力最强的区域,是美丽中国建设的先行示范区。长三角区域也是我国应对气候变化政策实践和创新的重要区域,长三角区域一体化战略上升为国家战略,为长三角区域协同应对气候变化提供了新的战略空间和政策支撑。研究碳中和导向下的长三角区域生态绿色一体化发展的背景与时代意义,可以为我国其他区域的绿色低碳转型提供决策参考,有助于推动我国生态文明制度体系的完善,为我国治理体系和治理能力的现代化提供制度保障。

第一节 2060年实现碳中和已纳入我国中长期发展规划

为落实《巴黎协定》相关规定,提振全球应对气候变化的经验和信心,推动人类命运共同体建设,我国将应对气候变化纳入国家发展总体方略,不断推动中国低碳发展制度的完善。其中,在2021年"两会"期间,"力争2030年前实现碳达峰,2060年前实现碳中和"的"双碳"目标作为重要目标纳入《国民经济和社会发展第十四个五年规划和2035年远景目标纲要》(简称《"十四五"规划纲要》),对实现碳达峰、碳中和与应对气候变化进行了全面部署。

一、实现净零排放是当前国际气候治理的新趋势

《巴黎协定》的签署意味着全球主要排放国就 2020 年后应对气候变化行动达成了初步共识:本世纪末,把全球平均温升控制在工业革命之前水平之上 2℃以内,并将努力限定在 1.5℃内。IPCC 近期发布的《全球 1.5℃增暖特别报告》显示,若将温升控制目标调整为 1.5℃,气候变化带来的损失与风险会大幅降低。而要实现该目标,必须在 2030 年之前将全球的温室气体排放总量削减一半,并在 2050 年达到净零排放。这意味着世界范围内必须在 2045—2060 年实现向净零排放转型。从国家战略层面来看,《联合国气候变化框架公约》(简称《公约》)秘书处要求各缔约方在 2020 年提交长期战略,而欧盟理事会正式通过决议,并于 2020 年 3 月 5 日向《公约》秘书处提交了《欧盟及其成员国长期温室气体低排放发展战略》,承诺欧盟将于 2050 年前实现气候中性(净零碳排放)。截至目前,已经有 17 个国家或地区向秘书处提交了 2050 年长期战略。

国际上一些国家、地区或城市已经率先采取行动来实现 1.5℃减排目标。欧盟于 2019 年 12 月发布"欧洲绿色新政"(Europe Green New Deal),提出到 2050 年成为全球首个气候中和的大洲;瑞典于 2017 年提出到 2045 年实现净零排放的目标,并形成《气候法案》,于 2018 年正式生效,从而以法律的形式保障目标的实现;挪威于 2016 年提出到 2030 年实现碳中性的目标,提前 20 年完成原先设定的 2050 年目标;英国于 2019 年 6 月以国内立法形式确立净零碳排放目标;德国提出了本世纪中叶气候中性的目标。目前国际上大约有 100 个城市宣布以净零碳排放为目标,这些城市大多是国际社会经济的领先者,最早时间要在 2030 年就实现。总体来看,零碳目标年份设置在 2050 年及以前,是当前全球城市建设零碳城市的主流目标,但各国零碳城市的建设路径并不相同。

二、2060 年碳中和目标的提出为生态绿色一体化发展战略赋予了新的内涵

中国政府在 2014 年 6 月召开的中央财经领导小组第六次会议表明,我国将把推动能源生产和消费革命作为长期战略,并于 2016 年年底发布了《能源生产和消费革命战略(2016—2030)》,提出到 2030 年,新增能源需求主要依靠清洁能源满足,到 2050 年,非化石能源占比超过一半。中国政府在 2014 年向国际社会承诺"二氧化碳排放 2030 年左右达到峰值并争取尽早达峰",地方层面也积极做出承诺并展开行动,如今已经有 80 多个城市提出了达峰年份目标。而在 2020 年 9 月 22 日,国家主席习近平在第七十五届联合国大会一般性辩论上表示,中国将提高国家自主贡献力度,采取更加有力的政策和措施,二氧化碳排放力争于 2030 年前达到峰值,努力争取 2060 年前实现碳中和。我国已经在低碳城市层面进行了三批试点,《"十三五"控制温室气体排放工作方案》中也提到了要"开展近零碳排放区示范工程建设,到 2020 年建设 50 个示范项目"。当前我国一些试点省市和区域积累的可再生能源技术、核电技术,以及先进电网技术的发展为未来实现碳中和提供了基础。2021 年"两会"通过的《"十四五"规划纲要》提出"制定 2030 年前碳排放达峰行动方案;锚定努力争取 2060 年前实现碳中和,采取更加有力的政策和措施",为中国绘就了高质量发展路线图。"十四五"期间,我国部分城市将实现碳排放达峰,顺应时代潮流,尽快在长三角区域开展零碳试点是我国积极应对气候变化,展示负责任大国形象中的"必选题"。

三、我国实现碳中和的"1＋N"政策体系为长三角区域碳中和提供了政策参考

2021 年 9 月 22 日中共中央国务院在《关于完整准确全面贯彻新发展理念做好碳达峰碳中和工作的意见》中明确提出"在京津冀协同发展、长江经济带

发展、粤港澳大湾区建设、长三角一体化发展、黄河流域生态保护和高质量发展等区域重大战略实施中,强化绿色低碳发展导向和任务要求",为长三角区域"双碳"目标的实现提供了总体要求和策略指导。2021年10月24日,国务院发布关于印发《2030年前碳达峰行动方案的通知》中明确提出"京津冀、长三角、粤港澳大湾区等区域要发挥高质量发展动力源和增长极作用,率先推动经济社会发展全面绿色转型",为长三角区域碳达峰提出了更高要求。2021年11月,中共中央国务院在《关于深入打好污染防治攻坚战的意见》中明确提出,"十四五"时期,长三角地区煤炭消费量下降5%,为长三角区域能源转型明确具体目标。

第二节　协同应对气候变化是构建
新发展格局的必然要求

当前,长三角区域是我国构建双循环发展格局的关键区域。长三角区域三省一市以全国1/26的国土面积容纳了1/6的人口,创造的GDP占全国的23.94%(2019年),排放的温室气体占全国的18.05%(2019年)。全球气候变化对长三角区域是一种威胁。[①] 长三角区域是我国应对气候变化的政策密集试点示范区。其中,在低碳城市试点方面,有国家试点省市18个,占总试点省市的20.69%;在国家低碳工业园区试点方面,有11个,占总试点工业园区的20%;在国家低碳交通运输体系建设城市试点方面,有5个,占全国试点城市的19.23%;在城市碳排放达峰方面,苏州、镇江、上海等优化开发区域都提出碳排放量达到峰值的目标,为全国其他城市碳排放达峰提供了示范。通过协同推进长三角三省一市应对气候变化,能够倒逼经济高质量发展、产业绿色转型及能源清洁化智能化转型,为在新时代落实长三角区域一体化发展战略提

① 潘家华,郑艳,田展等.长三角城市密集区气候变化适应性及管理对策研究[M].北京:中国社会科学出版社,2018.

供新的动力。

长三角区域发展不平衡不充分问题仍然突出,实现碳中和目标充满挑战。长三角区域面临着发展经济、改善民生、治理污染等一系列艰巨任务,多数城市的能源需求还在不断增加,碳排放仍处于上升阶段,尚未达到峰值。2005—2017年,上海市和浙江省已经处于碳排放与经济增长的弱脱钩状态,但长三角区域间碳减排协同机制及自上而下的行动方案亟待细化落实。[①] 实现碳中和,能源领域需要实现根本性变革。从能源供给侧看,是电力零碳化、燃料零碳化;从能源需求侧看,是高效化、再电气化、智慧化三化。从能源消费结构来看,长三角区域仍以化石能源消费为主,占比高达85%左右,能源消费目前仍有一半以上用的是煤炭;从长三角区域发电类型来看,火电占到整个发电量的70%以上。长三角区域需要用更短的时间,将85%的化石能源变成净零碳排放能源,这是巨大的挑战。从全社会在气候变化和温室气体控制方面看,与发达国家相比,长三角区域在百姓意愿、企业认同、技术储备、市场机制、法律规范等方面明显滞后,亟待进一步改善。

构建新发展格局有利于实现碳达峰行动目标。[②]

第一,构建新发展格局,长三角区域需要转变传统以国际大循环为主的发展方式,打通省际壁垒,激活区域消费市场,刺激消费增长,推动产业转型升级,而这将极大地扭转长三角区域经济发展模式,推动碳排放强度下降。

第二,新发展格局强调产业链、供应链自主可控,有助于倒逼地方通过创新驱动经济绿色高质量发展。实现碳中和需要对传统产业体系的生产工艺进行颠覆性技术变革。以国内大循环为主体的发展模式下,长三角区域在实现碳中和目标进程中,仍需要加大对零碳技术的研发和推广应用,助推智慧电网、绿色智能交通、零碳建筑技术、可再生能源发电技术的应用,从而实现碳达峰和碳中和目标。

① 韩梦瑶,刘卫东,谢漪甜,等.中国省域碳排放的区域差异及脱钩趋势演变[J].资源科学,2021,43(4):710-721.
② 蒋洪强,张伟,张静.通过碳达峰行动构建新发展格局[N].中国环境报,2021-02-09.

第三,新发展格局倒逼中国能源结构加快向清洁化转型。构建新发展格局,确保能源安全是前提。当前,长三角区域能源对外依存度高,决定了长三角区域产业结构、能源结构必将加快调整。未来,长三角区域将进一步提高电气化程度,引进国内其他地区的清洁电力,同时注重本地区生物质能、风电、太阳能等新能源的并网利用,这将在双循环格局背景下成为长三角区域能源供给的有效补充,从根本上解决碳排放问题。

第四,新发展格局助推长三角区域机制创新。通过电力体制改革推动能源低碳转型是当前中国能源革命的重要机制创新。通过协同推进长三角区域电力市场建设,打造长三角区域电力市场,是发挥市场力量在更大范围内优化配置资源、推动长三角电力高质量发展的最有效举措之一,对长三角区域加大跨省清洁能源消纳,构建清洁低碳、安全高效的区域能源体系有着重要意义。

第三节 韧性安全是长三角区域一体化 发展战略的核心理念

对大多数三角洲城市来说,要延续城市的存在,增强气候变化适应性势在必行,特别是对城市经济依赖于港口设施的沿海城市更是如此。适应气候变化要求对海平面上升或气温激增等长期或未来的威胁构建适应力。采取调适措施,有利于减少对未来的损害或降低对城市基础设施的超载,避免因地下水盐碱化造成淡水短缺的紧急情况,或者防止从沿海泛洪区的移民。此外,适应措施还有助于处理正在发生和由于气候变化因素而加剧的影响,如风暴潮、极端降雨或热浪事件。沿海屏障、泵站和管网、蓄水以及早期预警系统有利于为暴风潮和暴雨事件做好准备,挽救生命、基础设施和财物资源。例如,绿化可以降低城市高温,减少健康危害风险和对城市基础设施的热应力,同时支持城市的生物多样性,推动旅游和城市宜居性,并增加碳汇。

推动长江三角洲区域一体化发展,是习近平总书记亲自谋划、亲自部署、亲自推动的重大战略。长三角地区生态安全状况的改善,不能仅仅依靠该地区内各城市"独善其身",而必须走一体化综合治理的道路,这也是长三角地区各方的必然选择。2016 年 5 月 12 日,在国务院常务会议上《长江三角洲城市群发展规划》(简称《规划》)获批,合肥都市圈纳入。《规划》指出,到 2020 年,全面建成具有全球影响力的世界级城市群。此次国务院常务会议对长三角城市群提出了五大任务:打造改革新高地、争当开放新尖兵、带头发展新经济、以生态保护提供发展新支撑、创造联动发展新模式。2018 年 6 月,上海、江苏、浙江、安徽(简称三省一市)联合发布《长三角地区一体化发展三年行动计划(2018—2020)》,提出更加有效地实施长三角区域环境联防联控机制。2018 年 11 月 5 日,习近平总书记在首届中国国际进口博览会上宣布,支持长江三角洲区域一体化发展并上升为国家战略。

　　适应气候变化是推动长三角区域一体化发展战略的重要突破口。长三角地处长江下游河口地区,气候地理条件优越,生态资源富集,属于气候容量扩展性地区,发展潜力较高、适应基础较好。① 2018 年 11 月 29 日,中共中央国务院发布《关于建立更加有效的区域协调发展新机制的意见》,提出要"进一步完善长三角区域合作工作机制,深化三省一市在……环保联防联控、产业结构布局调整、改革创新等方面合作"。2018 年 12 月 31 日,交通运输部办公厅、上海市人民政府办公厅、江苏省人民政府办公厅、浙江省人民政府办公厅、安徽省人民政府办公厅《关于印发〈关于协同推进长三角港航一体化发展六大行动方案〉的通知》,推动航运业务一体化进程。2019 年 10 月 25 日,《长三角生态绿色一体化发展示范区总体方案》由国务院批复,该方案由总体要求、定位和目标、率先探索将生态优势转化为经济社会发展优势、率先探索区域生态绿色一体化发展制度创新、加快重大改革系统集成和改革试点经验共享共用、强化实施保障 6 个部分组成,明确了 45 项具体任务。2019 年 11 月 1 日,长三角生态绿色一体化发展示范区建设推进大会在位于示范区的上海青浦举行(如图

---

① 潘家华,郑艳,田展等.长三角城市密集区气候变化适应性及管理对策研究[M].北京:中国社会科学出版社,2018.

1-1所示）。2019年12月1日，中共中央国务院印发《长江三角洲区域一体化发展规划纲要》，提出生态环境共保联治能力显著提升，把长三角建成发展强劲的活跃增长极。在长三角生态绿色一体化示范区探索区域一体化发展新机制，体现了国家对长三角区域气候风险适应的重视。

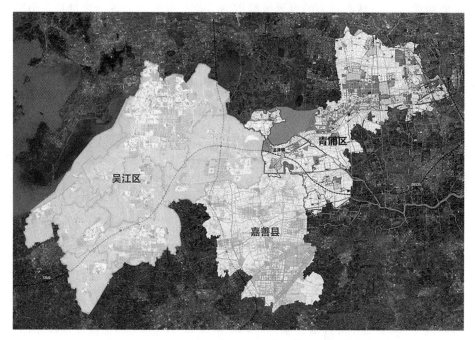

图1-1 长三角生态绿色一体化发展示范区行政范围

后新冠疫情时代，基础设施的投资理念也亟待转型。本轮疫情凸显的疫情防控基础设施不足，也为后疫情时代的基础设施投资转型提供了借鉴经验。而基于自然的解决方案是后疫情时代气候风险管理的必然要求。推进长三角区域绿色基础设施建设，是分享生态文明理念、落实绿水青山就是金山银山理念、推动绿色发展理念的重要实践。大自然随着时间流逝，通过塑形、生长、侵蚀和沉积可演变出各种天然的绿色基础设施，是大自然无私供给的生态系统服务，为维护区域生态系统平衡提供了最基础的保障。基于自然的解决方案（NBS）是应对气候变化的多种方式中有效且最具经济效益的方法之一。2019年，NBS被联合国秘书长列入其应对气候变化的九大项优先行动之一。2019

年以来,中国作为 NBS 的 6 个牵头国家,在应对气候变化领域开展了一些实践。当前及今后一段时间,长三角区域应重视新、老基建背后强大的能源消耗与碳锁定效应,将基础设施投资向绿色基础设施转型。在"新基建"实施计划中,应重视绿色基础设施的应用,从而以较低成本降低气候风险对经济社会的冲击。

第四节　减污降碳协同治理是实现碳中和的必然要求

习近平总书记多次强调,我国现代化是人与自然和谐共生的现代化,要把实现减污降碳协同增效作为促进经济社会发展全面绿色转型的总抓手。碳达峰和碳中和目标的提出,为长三角区域加大污染联防联控力度、推动减污降碳协同治理、集中攻克老百姓身边突出的生态环境问题提供了新的动力。

一、实现碳中和要求长三角区域继续深化大气污染协同治理,协同打造绿色发展高地

长三角区域大气污染存在传输效应。当前长三角区域一体化发展已经上升为国家发展战略,而且长三角区域正在打造世界级城市群。然而,目前长三角区域空气质量差异明显,苏北地区和安徽一些城市大气污染依然严重,大气污染跨界影响问题依然存在。协同推进大气污染一体化治理涉及地方政府对环境问题的管理、不同地方政府之间关于环境治理的合作以及如何使合作的各方政府产生有效的结果,利益协调是大气污染协同治理的关键。然而,由于大气污染治理的成本内涵难以界定,政策评估方法不成熟,导致当前我国长三角区域大气污染治理的利益协调机制缺失。2021 年 11 月 2 日,中共中央国务院在《关于深入打好污染防治攻坚战的意见》中提出,"聚焦国家重大战略打造

绿色发展高地。积极推动长江经济带成为我国生态优先绿色发展主战场，深化长三角地区生态环境共保联治。"这为长三角区域探索减污减碳协同治理，协同打造绿色发展高地提供了新的动力。

二、实现碳中和要求破解长三角大气污染协同治理难题，推进区域生态环境治理体系和治理能力的现代化

长江三角洲地势低平，湖泊河网密布，既有多个港口又有许多工业城市，生态环境具有一定的典型性。习近平总书记在 2021 年 3 月 15 日强调，要把碳达峰、碳中和纳入生态文明建设整体布局，为长三角区域创新生态环境治理机制提供了新的思路。通过大数据手段对长江三角洲区域的大气污染治理工作进行智慧化转型，为提供引领、示范和推广作用，增强我国生态环境建设的体系化。同时，近年来大气污染治理问题已经十分严峻，再按照传统的治理方式难以完成我国迫切的大气污染治理的目标和要求，构建区域协同的治理机制已经刻不容缓。数字化技术为大气污染治理问题的治理能力的现代化提供了契机，通过长三角区域协同大气污染治理重点任务和机制创新的研究，能够为长三角区域完善生态环境保护管理机构改革提供思路和举措，从而推动我国生态环境治理体系和治理能力的现代化。

三、实现碳中和要求营造绿色生产生活方式，增进民生福祉

良好的生态环境质量是长三角区域居民健康福祉的重要保障。协同推进长三角区域大气污染治理，能够倒逼产业绿色转型及能源清洁化、智能化转型，改善空气质量，实现经济高质量发展，从而增进长三角区域居民健康福祉。一方面，实现碳中和要求能源结构优化和化石能源消费大幅下降，在降低碳排放的同时显著减少大气污染物的排放和减少污染治理。这就要求在全社会倡导绿色低碳的生产生产生活行动，增强公民的环保意识，推动形成文明健康、

节约适度、绿色低碳的生活方式。另一方面，温室气体排放的增加导致长三角区域的高温天气和其他极端天气事件的发生频率和强度均有增加，进而增加人群死亡率。而实现碳中和的路径有利于降低气候风险对居民健康的损失，有助于增加长三角区域居民的健康效益。这就要求加强对长三角区域在减污降碳协同的现状及重点任务分析，提出推进减污降碳协同的机制创新策略。

第二章 长三角生态绿色一体化发展的内涵

2019年12月1日发布的《长江三角洲区域一体化发展规划纲要》中提出，要把长三角区域打造成全国发展强劲活跃增长极、全国高质量发展样板区、率先基本实现现代化引领区、区域一体化发展示范区和新时代改革开放新高地的战略定位。2021年1月，推进长三角一体化发展领导小组办公室印发《长江三角洲区域生态环境共同保护规划》，主要目标是聚焦上海、江苏、浙江、安徽共同面临的系统性、区域性、跨界性突出生态环境问题，加强生态空间共保，推动环境协同治理，夯实长三角地区绿色发展基础，共同建设绿色美丽长三角，着力打造美丽中国建设的先行示范区。显然，探究长三角生态绿色一体化发展的理论基础、影响因素和重点领域，对准确把握长三角生态绿色一体化发展的内涵，落实好长三角区域一体化战略定位具有重要意义。

第一节 促进生态绿色发展政策的理论基础

一、市场失灵理论

在经济学家看来，对资源配置效率含义的最严谨的解释是由意大利经济学家 V.帕累托提出的。按照帕累托的理论,如果社会资源的配置已经达到这样一种状态,即任何重新调整都不可能在不使其他任何人境况变坏的情况下,而使任何一人的境况更好,那么,这种资源配置的状况就是最佳的,也就是具有效率的。如果可以通过资源配置的重新调整而使得某人的境况变好,而同时又不使任何一人的境况变坏,那就说明资源配置的状况不是最佳的,也就是缺乏效率的。这就是著名的帕累托效率准则。然而现实生活中,仅仅依靠价格机制来配置资源无法实现帕累托效率。市场失灵的存在导致私人自发的经济活动无法满足社会福利函数最大化的分配结果,产生资源分配的低效率。正因为市场失灵的存在,公共部门的政策干预,即政府的活动成为必要。

导致市场失灵的主要因素有:垄断、公共物品和外部性。其中,在完全垄断和寡头垄断的市场结构中,市场缺乏竞争,意味着市场价格高于边际成本,垄断企业将选择生产过少的商品,保护较高的价格,这样就会产生市场失灵。公共物品是指一个人对某些物品或劳务的消费并未减少其他人对该物品或劳务的消费,如国防、天气预报、无线电广播,等等。公共物品的特征主要表现为非竞争性和非排他性。非竞争性意味着某人对某种物品或服务的消费并不妨碍其他人对该物品或服务的消费;非排他性是指,对一种物品未付费的个人不可能被阻止享受该物品的好处。

外部效应又称为外溢作用,是指经济主体(包括自然人与法人)经济活动对他人的影响而又未将这些影响计入市场交易的成本与价格之中。外部效应分为正外部效应和负外部效应。正外部效应是指某个经济主体的活动使他人或社会获益,而获利者又无需为此支付成本,所以又称利益外溢。负外部效应是指某个经济主体的活动使他人或社会受损,而造成外部不经济的人却没有为此承担成本,即该活动的部分成本由他人主体承担了,所以又称为成本外溢。如果按照外部性产生的时空特征来分,还可以分为代内外部性与代际外部性。外部性通常是一种空间概念,主要是从即期考虑资源是否合理配置,即主要是指代内的外部性问题;而代际外部性问题主要是要解决人类代际之间行为的相互影响,尤其是要消除前代对当代、当代对后代的不利影响。

随着工业化发展,燃烧化石能源而导致温室气体排放就是一种典型负外部效应,而当一个国家承担温室气体减排的责任和成本积极减排,其他国家不承担减排成本也能获益,此时产生的是一种正的外部效应。在全球城市化进程的推进过程中,城市的基础设施建设、工业活动、交通运输及居民生活都将消耗大量的能源,城市已成为全球温室气体排放的主要领域之一。城市人口和经济的过快发展造成的全球气候变化将会带来比较严重的全球极端气候公害事件,而这些破坏并没有人愿意主动承担,将产生负的外部性。城市进行绿色发展转型,减少大气污染物的排放,需要额外的资金投入,这种资金投入能够带来城市的绿色、低碳发展,是一种正的外部效应。

长三角区域作为我国最大的经济区域,在减少温室气体方面面临的问题很多,在压减燃煤、淘汰老旧车辆、推广新能源汽车等方面,传统的市场机制难以解决现有的问题。政府应该结合温室气体减排的关键环节,通过完善标准、强化执法监督机制等,解决温室气体减排面临的负外部性问题。

二、政府失灵理论

正是由于市场失灵,人们逐渐认识到,市场不是万能的,经济社会的发展需要政府的调节作为补充。按这一推论,市场机制发生失灵的领域,正是政府发挥作用的范围,从而逐渐形成了在现代经济生活中的国家对经济的干预和调节的理论和实践。但是,政府也非万能,也会有失灵的时候。在某些经济领域或许存在市场失灵,但政府的介入可能使情况变得更糟,这便是政府失灵。

政府的运行依赖于组织和人的各种决策,包括选举者、政治家、政府部门及其公务员等,都会对政府的行为产生影响。公共选择理论认为,尽管人的动机复杂且多样,但在资源有限的情况下,这些人有动机通过政府来改善自身利益。寻租是政府失灵的典型表现形式。寻租是私人企业通过向政府官员投入时间或金钱,来购买政府管制,从而获得垄断利润。寻租的手段通常有竞选资助费、广告宣传费、贿赂金等。从理论上来说,寻租体现了政府管制的需求价格,体现为由私人的边际成本和边际收益相等时候的均衡价格。从数量上说,寻租成本要小于垄断利润,只有这样,私人企业才有动力去追求政府管制。

寻租成本的支付对于私人企业来说是值得的——通过这种支付,他买到了稳定、有保障的超额利润收入。因此,对私人企业来说,这种成本支出是"生产性的"——它为私人企业"生产"出超额利润。然而,从社会角度看,寻租带来的超额利润并没有生产出任何新的产品,因而是一种非生产性利润收入,是一种纯粹的浪费。

除了上述原因外,政府部门效率的缺乏和政策实施的困难也是造成政府失灵的重要因素。政府部门效率缺乏,一方面,是因为公共物品的供给缺乏竞争,由行政机构垄断。这就导致政府部门不适当地扩大机构,造成大量浪费。另一方面,由于缺乏追求利润的动机,加上公共物品的成本和效益难以核算,政府官员对决策的成本和效率关注较少。此外,信息获取的充分性也会影响政府部门做出相关决策,很多情况下,政府很难掌握充分的信息;即使政府能够掌握充分的信息,也难以做出准确的判断;即使政府做出准确的判断,也难以推动政策的顺利执行。因此,政府在政策的制定和实施过程中存在许多困难,不可避免导致在某些经济领域的政府失灵。

应对气候变化的政府失灵主要是指政府由于在应对气候变化过程中的政策制定及执行体系不够完善而导致的市场秩序紊乱,或由于对低碳经济发展相关资源配置的非公平行为而最终导致政府形象与信誉丧失。由于应对气候变化制度是一种公共物品,投资周期长,需要大量的人力和财力支撑,而地方政府如果追求短期的绩效,就会导致地方政府对应对气候变化的动力不足。

在长三角区域,气候变化问题具有数据海量化、来源多样化和结构复杂化的特征,这就导致政府在应对气候变化问题时出现政府失灵。政府失灵主要表现在以下几个方面:

第一,针对气候变化的原因,相关科学研究的投入力度仍然不足,难以系统全面地解决气候风险频发问题。

第二,针对气候变化现象的监测,政府投入不足,监测信息不够完备,难以对气候变化风险进行及时准确预警,难以支撑政府决策。

第三,针对气候变化的特征挖掘,政府掌握的信息不足,难以支撑政府有效的决策。

第四,针对气候变化的趋势预测,当前的政府缺乏复杂的大数据分析系统支持,难以对未来短期和中长期的气候演变进行精准模拟。

第五,当前中央和地方政府在推动气候变化治理方面的相关法律规范仍存在短板,一些激励政策出台以后,如果监管不足或缺失,则存在政策"套利"空间,从而导致政府失灵。

三、环境经济政策工具理论

环境经济政策工具是政府环境管理当局为解决环境外部性而制定的一种非强制性的激励性政策,既要解决市场失灵的问题,也要避免政府失灵的问题。大多的环境政策依据政策的成本—收益来引导经济人采取对环境有利的行为。环境经济政策工具依据庇古理论和科斯理论建立。

英国经济学家庇古最先提出的庇古税是根据污染所造成的危害程度对排污者征税,用税收来弥补排污者生产的私人成本和社会成本之间的差距,使两者相等。庇古税是一种侧重于用"看得见的手"即政府干预来解决导致环境问题的外部效应的经济手段。庇古税的理想税率应该是由排污者的边际社会成本等于边际收益的均衡点来确定,此时的污染排放税率为最佳税率。征收庇古税使排污者社会成本与私人成本相一致,从而降低最终产量,导致排污量减少,环境改善。庇古税可以为政府提供税收收入,推动环境治理的投资,进而改善环境质量;庇古税还可以倒逼企业改进生产工艺或转变生产行业,降低生产成本,进而推动技术进步及产业的升级。利用市场手段解决环境污染导致的外部性的政策工具,其理论基础是科斯定理。Felder[1] 将科斯定理视为一个

---

① Felder, J. Coase Theorems 1 - 2 - 3[J]. *The American Economist*, 2001, 45(1): 54 - 61.

定理组：科斯第一定理认为，当交易成本等于零时，可交易权利的初始界定对产权交易的经济效率无影响。科斯第二定理认为，当交易成本不为零时，可交易权利的初始配置将对交易权利的最终配置产生影响，也可能会对社会总体福利带来影响。此时，交易只能消除由于权利初始配置产生的部分社会福利损失，并非全部。科斯第三定理认为，当交易成本不为零时，通过产权交易并非一定为最优福利改善方案，通过重新分配原始产权界定方案也有可能。此时，还要假定政府能够公平、公正地界定权利，并能近似估计并比较不同权利界定的福利影响。根据科斯定理，交易的形式可以有两种，一种是通过将几个交易主体合并为一个，从而消除外部性影响；另一种是通过引入市场，允许买卖损害的权利，使外部性在产权交易中消除。

科斯定理在环境经济政策领域的主要运用为排污权交易制度。排污权是指排污者对环境容量资源的使用权，指在一定区域的排污总量确定的前提下，排污者向环境排放污染物的权利，排污的量是由排污许可所决定的。交易的类型在康芒斯的《制度经济学》中被分为"买卖的"交易、"管理的"交易和"限额的"交易三种类型。排污权交易手段也包含这三种交易类型：排污者之间的排污权交易即是买卖的交易；在排污者（如企业集团）内部通过垂直管理进行的排污权交易即是管理的交易；政府与排污者之间的排污权交易即是限额的交易。如果不考虑企业内部的排污权交易，那么，仅仅考察"买卖的"交易即是狭义的交易；既考察"买卖的"交易又考察"限额的"交易即是广义的交易。广义的排污权交易即是初始排污权在排污者之间的分配（即政府主导的一级排污权交易）与排污权在排污者及其他主体之间的再分配（即市场主导的二级排污权交易）的总称。

环境经济政策工具是区域大气污染治理工具箱中的一类重要政策。在区域大气污染治理过程中，常用到的环境经济政策工具是碳税和碳交易。其中，环境税是大气污染治理的一种重要的政策，属于庇古税范畴。碳税是对排放二氧化碳产品和服务征税，主要针对化石燃料（如汽油、柴油、煤炭、天然气等）中碳的含量或碳的排放量来征收。北欧是世界上实施碳税的主要地区。碳排放权交易市场是一种国际上重要的气候治理工具，属于科斯定理的理论应用范畴。欧盟排放交易体系(EUETS)是截至 2020 年全球已经运行的最大的碳交易市场。

当前长三角区域在碳达峰和碳中和方面已经探索了一些环境经济政策,总结来看可以分为以下几类:一是通过环境税、空气质量生态补偿等手段来促进节能减排,从而推动煤炭、石油等化石能源的减量化和替代。二是通过碳交易市场机制来促进试点行业的企事业单位碳排放履约,从而降低温室气体减排的成本。三是通过实施新能源汽车补贴、可再生能源上网电价补贴、峰谷电价等经济政策手段,促进煤炭的减量替代和可再生能源的发展。

四、社会—生态系统适应性治理理论

社会—生态系统(Social-ecological system,SES)是典型的复杂适应性系统,具有不同于社会系统或生态系统的结构和功能,由资源、资源单位、治理系统、用户 4 个子系统及其相互作用组成。[1][2] 全球气候变化是当前复杂的系统性问题,具有不确定性和非线性变化的特征,而且适应性治理是为了适应非线性变化、不确定性和复杂性的理论,通过协调环境、经济和社会之间的相互关系来建立韧性管理策略、调节复杂适应性系统的状态。[3] 碳中和是一场广泛而深远的经济—社会—生态系统性变革,社会—生态系统适应性治理理论整合了公共池塘资源理论(Common pool resources management)的自组织管理、生态系统韧性与稳态、治理结构等理念,[4][5]旨在建立适应性的社会权利分配与

---

① Levin S, Xepapadeas T, Crépin A S, et al. Social-ecological systems as complex adaptive systems: Modeling and policy Implications[J]. *Environment and Development Economics*, 2013, 18 (2): 111 - 132.

② Ostrom E. A general framework for analyzing sustainability of social-ecological systems [J]. *Science*, 2009, 325(5939): 419 - 422.

③ Chaffin B C, Gosnelland H, Cosens, B A. A decade of adaptive governance scholarship: Synthesis and future directions[J]. *Ecology and Society*, 2014, 19(3): 56.

④ Garmestani A S, Benson M H. A framework for resilience-based governance of social-ecological systems[J]. *Ecology and Society*, 2013, 18(1): 9.

⑤ Brunner R D, Steelman T A, Coe- Juell L, et al. *Adaptive Governance: Integrating Science, Policy, and Decision Making*[M]. New York: Columbia University Press, 2005.

行为决策机制,使耦合系统能够可持续地提供人类所需的生态系统服务,[1]是气候变化与人类活动加剧背景下实现可持续发展的重要途径。全球气候变化带来的气候风险的不确定性,为避免社会—生态系统进入易崩溃的状态,需要提高社会—生态系统的韧性,通过制定管理策略来促使其转变为利于人类福祉的状态。公共池塘资源管理研究中的自组织管理思想为探索社会—生态系统的韧性管理策略提供了有益借鉴。适应性治理理论基于自组织管理思想,从协同论的视角出发,建立与集体行为相协调的社会运作规则,使对抗性管理自发转变为合作性管理,[2]探索系统适应性。[3] 社会—生态系统适应性治理理论具体目标包括:一是理解和应对社会—生态系统多稳态、非线性、不确定性、整体性以及复杂性;二是建立非对抗性的社会结构、权利分配制度以及行为决策体系,匹配社会子系统与自然子系统;三是通过综合方法管理生态系统,使其可持续提供人类福祉。综上,碳中和导向下的社会—生态系统韧性管理与系统治理的理念,旨在探索与碳中和目标相匹配的合理的组织结构,使社会资本能通过该结构动态地调节各个子系统状态,及时应对社会—生态系统的复杂性与不确定性。

第二节　碳中和导向的长三角区域一体化的理论基础

一、协同治理的理论

根据协同理论创始人赫尔曼的定义,协同是指为各组成部分相互之间合

---

① Folke C, Hahn T, Olsson P, et al. Adaptive governance of social-ecological systems[J]. *Annual Review of Environment and Resources*, 2005, 30(1): 441 - 473.

② Stoker G. Governance as theory: Five propositions[J]. *International Social Science Journal*, 1998, 50(155): 17 - 28.

③ Berkes F. Evolution of co-management: Role of knowledge generation, bridging organizations and social learning[J]. *Journal of Environmental Management*, 2006, 90(5): 1692 - 1702.

作而产生的集体效应或整体效应。[①] 协同治理理论以协同学为基础,成为公共政策研究领域的一种重要的分析框架和方法工具。联合国全球治理委员会认为,协同治理是个人、各种公共或私人机构管理其共同事务的诸多方式的总和。通过具有法律约束力的正式制度和规则,以及各种促成协商与和解的非正式的制度安排,使相互冲突的不同利益主体得以调和并且采取联合行动。协同治理含义为集中多个利益相关者于一个共同的议题,并由公共机构做出一致同意的决定的治理模式。[②] 也就是说,协同治理包括了所有相关利益的代表,这些主体在一定的框架(共识)下展开博弈,但以达成最终的决策和问题之解决为限度。从学理上说,协同治理包括治理主体多元化、自组织、各子系统间协同竞争合作以及共同规则制定等内涵。协同治理的本质是在共同处理复杂社会公共事务的过程中,通过构建协同创新愿景,建立信息共享网络,达成共同的制度规则,从而消除现实中存在的隔阂和冲突,弥补政府、市场和社会单一主体治理的局限性,促成相关主体的利益协同,实现多元主体共同行动、多个子系统结构耦合和资源共享,从根本上对公共利益产生协同增效的功能。多个子系统相互合作,使系统产生出微观层次所无法实现的新的系统结构和功能。虽然组织行为体之间依然存在竞争,但为了共同的政策目标,能够通过相互合作和资源整合,形成相互依存、风险共担、利益共享的合作局面,使系统从无序到有序,达到新的平衡。最终的结果是系统发生质变,产生大大超过部分之和的新功能。

协同治理理论是从系统的角度去看待经济社会的发展,通过管理理念、方式、路径和机制的重要创新,形成多元主体默契配合、井然有序的自发和自组织集体行动,从而实现资源配置效用最大化和系统整体功能的提升。而针对区域协同治理系统,关键在于契合区域的发展阶段、发展特点和发展难题,找到对系统有序运行起决定性作用的序参量,以此为抓手推动机制创新,提升区

① 〔德〕赫尔曼·哈肯.协同学:大自然构成的奥秘[M].凌复华,译.上海:上海译文出版社,2005.

② Wood D., Barbara G., Toward a Comprehensive Theory of Collaboration[J]. *Journal of Applied Behavioral Science*, 27(2), 1991: 139-162.

域治理水平。

二、区域一体化理论

区域合作的最高境界是区域经济一体化。区域经济一体化根据行政范围可分为国家或关税区间经济一体化、国内不同区域之间经济一体化，[①]其本质上都是为了获取不同地区之间通过分工合作带来的利益，从而提高自身经济实力。长三角区域经济一体化的实质就是通过在长三角这一尺度较大的区域经济范围中，各个边界清晰的行政单元之间形成合理、高效的分工合作关系，促成各方在专业化分工基础上联动发展、融合发展。长三角更高质量一体化发展的逻辑要点是在创新分工演进的体制机制基础上，有效整合区域内资源，发挥市场机制的作用，降低地区间交易成本，提高区域间交易效率，让生产要素、资源、产品真正自由流动，实现资源优化配置，充分发挥各地区的优势，全面提升区域的国际竞争力，促进区域高质量发展。[②]

碳中和导向下，推动长三角区域一体化发展，主要的理论依据有四个方面。

第一，自然禀赋的差异性，决定了区域合作的必要性。碳中和导向下的区域经济发展，要求对风能、光能、水能、生物质能等可再生能源及核能的深度开发和综合利用。长三角区域人口稠密、经济密度高，对可再生能源的需求大。可再生能源开发具有规模经济效应，集中式或分布式的可再生能源都要求一个具有一定规模的消费市场，这样才有利于可再生能源及核能的投资开发。而且可再生能源的产品供给和消费往往存在空间的错配，需要通过智能电网来进行分配，并且需要构建电力交易市场实现产品交换。而长三角区域一体化发展只有以市场一体化为核心，才可以逐步把处于分割状态的"行政区经

---

① 吴殿廷,丛东来,杜霞.区域地理学原理[M].南京：东南大学出版社,2016.
② 于新东.中国区域经济发展报告（2019—2020）：长三角区域经济一体化经济增长效应分析[R].北京：社会科学文献出版社,2020.

济"聚合为开放型区域经济,把区域狭小规模市场演变为区域巨大规模市场。[1] 如果存在一个区域一体化的电力现货交易市场,可以有助于区域内的可再生能源投资方及时把电源通过电网销售变现,而对消费者来说,可以通过电力现货交易市场购买到充分竞争的电力产品。碳中和导向下,长三角区域一体化发展,有助于打破区域行政壁垒,推动区域间碳中和政策标准的统一,形成碳中和导向的区域大市场,推动区域零碳转型。

第二,由于碳定价机制的缺乏,区域碳排放泄露对区域公平性带来了损害。长三角区域间存在着复杂的产业链和价值链流动关系,而由于区域内环境标准不统一,三省一市的碳排放成本存在区域差异,容易导致碳排放强度高的产业向环境标准宽松的地区集聚,从而不利于经济体向零碳经济转型。当前长三角区域的"分割治理",其实主要就是对生产要素市场化配置进行行政限制。在此基础上所展开的区域发展竞争,也主要体现在要素流动不充分条件下的高速度、高投入、低质量的经济发展。以欧盟为代表的发达国家将于2023年实施碳边境调节机制,这意味着全球碳定价机制已经萌芽。而长三角区域作为我国"双循环"战略的枢纽地位,面临着碳关税壁垒的危机,长三角区域亟须构建区域一体化的碳定价体系,消除碳排放的外部性。而区域一体化意味着区域内碳定价规则的一致性,碳排放带来的负外部性可以通过区域内的市场机制得到补偿。高碳排放行业和企业将面临融资困难,而在清洁能源、清洁技术领域的投资能够获得稳定的投资收益,成为新的经济增长点和带动就业的有生力量。这有利于促进碳生产力落后地区加快经济转型速度,早日实现碳中和。

第三,碳中和导向下的经济是资源高效利用的经济,而这就要求资源要素的充分流动,降低单位要素的碳排放。碳中和导向下,能源资源利用的模式发生根本性变革,传统的以化石能源为主体的经济将转变成以风能、太阳能、水电和核能为主的清洁能源。在碳中和目标下,"碳要素"可能会从一个约束条

---

[1] 刘志彪.长三角区域市场一体化与治理机制创新[J].学术月刊,2019,51(10),31-38.

件变成一个重要的生产要素，成为与资本、劳动并列的生产要素，[1]企业产品和原材料的碳含量指标将成为与成本、质量和服务同等重要的竞争要素。传统的煤炭炼钢、火力发电、燃气供热等行业都将取消，而新型的绿氢炼钢、新能源发电供热、被动建筑等将成为主流。只有一体化的区域发展模式，才能打破要素流动的壁垒，促进清洁能源、绿色科技、绿色融资等要素的自由流动，促进资源利用效率的提高，为区域经济绿色高质量发展提供不竭动力。这就要求长三角区域完善资源开发利用的生态环境成本，推广生态补偿制度，推进可再生能源的有序开放和高效利用。

第四，实现碳中和是经济社会发展模式的颠覆性创新，需要虹吸全球创新要素。实现碳中和已经成为全球共识，这意味着到本世纪中叶全球经济都已经基本实现碳中和。从现在起到 2030 年，在净零排放途径中，全球二氧化碳排放量的大部分减少都来自当今现成的技术。但到 2050 年，几乎一半的减排将来自目前仅处于示范或原型阶段的技术。[2] 碳中和导向下，如果全球在 2050 年前过渡到净零能源系统，需要全球从现在起不再对新的化石燃料供应项目进行投资；到 2035 年停止在市场上销售燃油汽车；到 2040 年全球电力行业已经达到净零排放。[3] 所以，如何在全球产业链和供应链零碳转型中抢占先机，是长三角区域一体化发展的题中应有之义。互惠互利的区域协同创新体系和一体化技术市场将加速创新要素的集聚度，有利于长三角创新策源地迅速聚势树标杆。[4] 碳中和导向下的长三角区域一体化，需要培育国内绿色经济发展的创新动力，提高绿色全要素生产力。长三角区域一体化发展有利于长三角区域企业广泛吸收本国的知识资本、技术资本和人力资本，形成新的全球分工或产品内分工格局，使长三角区域企业从全球价值链低端的成员，成为全球创新链中的一个有机组成部分。同时，长三角区域还要完善同国际接轨的

---

① 刘俏.“碳中和”给经济学提出哪些新问题[N].光明日报,2021-5-12.

② IEA. Net Zero for 2050：A Roadmap for the Global Energy Sector[N/OL].［18 May 2021］. https://www.iea.org/events/net-zero-by-2050-a-roadmap-for-the-global-energy-system

③ 同上.

④ 陈秋玲.弘扬“共同体”意识,打造一体化“硬核”[N].文汇报.2020-6-11.

绿色投融资机制,加快淘汰高污染高耗能产业,打造绿色供应链、绿色产业链、绿色价值链。

三、碳中和导向的经济转型理论

实现碳中和目标是经济发展方式的一次重要变革,关系到能源结构、产业结构、交通运输结构和技术范式的转型。关于碳排放的影响因素,IPAT 模型[①]是基础。如果用 I 表示对环境的影响力,用 P 表示人口,用 A 表示人均财富量,用 T 表示技术,那么就有:

$$I=PAT \tag{1}$$

这个公式表明,影响环境的三个直接因素是人口、人均财富量(或国内生产总值中的收益)和技术以及相互间作用的影响。以碳排放的 IPAT 模型为基础,经济增长、能源需求和碳排放之间的关系可以结合 KAYA 模型[②]来表达。

KAYA 模型表达式为:$CO_2=\dfrac{CO_2}{PE}\cdot\dfrac{PE}{GDP}\cdot\dfrac{GDP}{POP}\cdot POP$ \hfill (2)

其中,CO_2 表示二氧化碳排放量,PE 表示一次能源消费总量,GDP 表示国内生产总值,POP 表示省内人口总量,$\dfrac{GDP}{POP}$ 表示人均 GDP,$\dfrac{EP}{GDP}$ 表示能耗强度,即生产单位 GDP 所消费的能源,$\dfrac{CO_2}{PE}$ 表示能源综合 CO_2 排放系数,即单位能源消耗所产生的 CO_2 排放,主要与能源结构有关。

碳中和意味着区域内人为排放量(化石燃料利用和土地利用)被人为努力(木材蓄积量、土壤有机碳、工程封存等)和自然过程(海洋吸收、侵蚀-沉积过程的碳埋藏等)所吸收。以 C_t 表示 t 年长三角区域的认为碳排放量。

---

① Ehrlich P., Holdren J. Impact of population growth[J]. *Science*, 1971, 171(26): 1212 – 1217.

② Kaya, Y, Yokobori, K. *Environment, energy, and economy: Strategies for sustainability* [M]. Tokyo: United Nations University Press, 1997.

如果长三角区域在 t 年实现了碳中和，那么至少要满足条件：

$$C_t + C_{cdrt} = 0 \tag{3}$$

$$C_{cdr} = H_c + C_{CCS} + C_{BECCS} \tag{4}$$

其中，C_{cdr} 为二氧化碳去除量，H_c 为植被碳库的二氧化碳碳汇，C_{cdrt} 为 t 年的二氧化碳去除量，C_{CCS} 为 CCS 技术的二氧化碳捕捉与封存量，C_{BECCS} 为 BECCS 技术的二氧化碳捕捉与封存量。

能源是经济活动的重要原料，是经济运行的基础动力。能源绿色低碳转型是协同推动经济高质量发展、加速实现"碳达峰"与"碳中和"愿景及有效促进经济、社会和环境可持续发展的重要途径。未来能源结构的绿色转型可以采取的措施包括持续加速提升电气化水平，大幅度提升风电、光伏发电规模，加快推进特高压工程建设，合理控制煤电建设规模等措施。

产业是经济发展的核心和基础。转变发展方式，形成节约资源和保护环境的产业结构，并以绿色低碳循环发展构建现代产业体系，将助推长三角区域节能减碳和碳中和目标的实现。通过对钢铁、化工、有色、平板玻璃、水泥等基础工业的落后与过剩产能淘汰，区域产业结构高碳化的态势将会得到扭转。未来产业结构转型重心一方面需要向新产业、新业态、新模式的增长倾斜，壮大绿色发展新动能，另一方面也需深挖存量结构提升空间，提升传统产业产能利用率。

交通运输是国民经济和社会发展的基础性、先导性和服务性行业，也是区域节能减排和实现碳中和目标的重点领域之一。从能效提升、清洁燃料替代、运输结构优化和绿色出行等几个方面可以显著降低交通运输部门的碳排放。未来的交通运输可以通过提高能效标准、推广新能源车、实现铁路运输逐步电气化、推进大宗货物运输"公转铁、公转水"，提高城市绿色出行比例等途径来实现碳中和。

零碳技术和负碳技术是经济转型的重要战略工具，是实现区域碳中和的关键要素之一。风电、光伏、生物质发电等零碳技术和以碳捕集利用与封存（CCUS）为代表的负碳技术将为长三角区域能源体系绿色低碳转型提供强大支撑。负碳技术能直接吸收转化二氧化碳,是最终实现碳中和目标的必要技术。CCUS是目前唯一能够实现化石能源大规模低碳化利用的减排技术。生物能源与碳捕获和储存(BECCS)具有更高的负排放潜力,可以提供负排放和无碳能源的双重优势。

我国2060年前实现碳中和,意味着我国将在2060年前实现净零排放,长三角区域碳排放来源以能源与工业为主,自2013年以来已进入平台期。为实现碳中和承诺,长三角区域需要沿着1.5℃减排路径不懈努力,在能源、工业、交通、建筑、农业和土地利用五大部门均需推进减排。以实现1.5℃路径下的减排目标为基准,建筑与农业和土地利用板块需要减排幅度最大,在100%以上;其次是工业板块,减排幅度为80%—85%;而能源和交通板块需要的减排幅度在65%—70%。实现关键部门的减排,需要加强碳中和导向的投资。由于技术成熟度等方面的原因,交通部门所需投资最大,主要包括推广新能源汽车和氢燃料,倡导公共交通出行;能源部门次之,主要由可再生能源、核能发电以及CCS技术的研发与应用拓展驱动。除此以外,工业部门的工艺流程创新、建筑部门的热泵技术、农业和土地利用部门的垃圾焚烧处理也将占据较大的投资份额。

碳中和导向下,建设和完善长三角地区一体化的协调机制,消除制度扭曲阻碍区域经济发展一体化的因素,主要有下面三种办法。[①] 第一,让渡部分行政权力,推动碳减排标准的统一。中央有必要通过行政权力的调整、让渡和集中使用,赋予长三角区域在碳减排领域一体化的政策制定权力,实现碳中和的整体目标。第二,构建区域一体化的市场,打造经济发展一体化的微观基础。通过构建一体化的碳交易市场、电力交易市场、排污权交易市场等要素市场,形成合理的产业合作和分工,助推经济向绿色低碳转型。第三,放开市场,同时规范竞争,以建设统一竞争规则来协调长三角区域一体化进程。通过构建有利于绿色低碳发展的制度体系,推动长三角区域一体化发展,实现碳中和。

---

① 刘志彪.长三角区域高质量一体化发展的制度基石[J].学术前沿,2019(2),6-13.

第三节　长三角生态绿色一体化
发展的重点领域

2021年1月国务院发布的《长江三角洲区域生态环境共同保护规划》，明确提出要"紧扣区域一体化高质量发展和生态环境共同保护，把保护修复长江生态环境摆在突出位置，共推绿色发展、共保生态空间、共治跨界污染、共建环境设施、共创协作机制"。可以看出，国家层面从区域生态环境共同保护方面对长三角区域生态绿色一体化发展划定了重点领域。而在碳中和视角下，长三角区域应该聚焦于减缓和适应气候变化相关问题的协同治理，具体来说包括以下三个方面。

一、共建绿色基础设施以适应气候风险

绿色基础设施是一个舶来词，自20世纪90年代初在美国诞生以来，国内学术界对绿色基础设施的概念和内涵尚未统一认识，运河水网、陂塘系统等绿色基础设施自古就已在长三角区域有所应用。[1][2][3] 长三角区域在绿色基础设施建设面临的突出问题主要表现为以下三个方面。首先，绿色基础设施共建力度不足。长三角区域开发强度高、建设用地快速扩张，河湖水体及沿海滩涂被占用，自然湿地萎缩明显，水环境质量改善效果不稳固，生物多样性保护面临威胁，跨区域绿色基础设施建设进展缓慢。其次，绿色基础设施治理能力和治理体系不完善。长三角区域存在行政分割、治理主体不明确、江海分治、流域生态保护不力等治理困境，解决跨界环境问题、实施生态补偿、协同推进生态环境共同保护的体制机制瓶颈亟须破解。再次，绿色基础设施的共享力

---

①　韩林栀,张淼,石龙宇.生态基础设施的定义、内涵及其服务能力研究进展[J].生态学报,2019,39(19):7311-7321.

②　陈义勇,俞孔坚.古代"海绵城市"思想——水适应性景观经验启示[J].中国水利,2015(17):19-22.

③　栾博,柴民伟,王鑫.绿色基础设施研究进展[J].生态学报,2017,37(15):5246-5261.

度不足。长三角区域绿色基础设施土地整体分布不合理,生态系统"碎片化"现象严重,生态系统服务价值降低,难以满足人民群众对绿色发展的获得感和幸福感。当前,长三角区域一体化已经转向全方位的一体化发展阶段,而区域一体化发展的核心是实现区域整体利益的最大化,[①]区域一体化会产生显著的生态效应。[②] 习近平总书记多次强调"山水林田湖草是生命共同体",生态治理一定要"算长远账、算整体账、算综合账"。[③] 区域整体利益最大化的实现涉及较多的区域治理问题,不可避免地涉及不同地区的发展利益问题,[④]因此未来应当加强统一的跨区域共建机制建设。[⑤] 作为生态产品的供给主体,绿色基础设施具有一定的公共产品和准公共物品属性,而绿色基础设施作为一个生态整体,为"示范区"提供休闲娱乐价值、栖息地、改善空气和水体质量等生态产品。"示范区"的产业发展需要以生态基础设施建设为基础。[⑥] 随着苏浙沪共享太湖水资源格局的形成,作为"示范区"标志性的重要跨界水体,太浦河生态环境治理亟须苏浙沪三地协同。[⑦] 因此,共建绿色基础设施成了长三角区域必须探索的重大问题。

二、共创协同治理的机制以推动生态环境共保联治

区域协同治理的特征具体体现为五个方面。

(一) 协同治理建立多元主体共同的协同创新意愿,达成目标共识

协同治理是正确处理好政府、市场、社会、公民等多元主体在面对共同社

① 张学良,林永然,孟美侠.长三角区域一体化发展机制演进:经验总结与发展趋向[J].安徽大学学报(哲学社会科学版),2019,43(01):138-147.
② 胡艳,张安伟.长三角区域一体化生态优化效应研究[J].城市问题,2020(06):20-28.
③ 人民日报评论部.山水林田湖草是生命共同体[N].人民日报,2020-8-13.
④ 刘志彪.长三角区域市场一体化与治理机制创新[J].学术月刊,2019(10):31-38.
⑤ 范恒山.推动长三角城市合作联动新水平[N].文汇报,2017-3-28(007).
⑥ 陈建军,陈菁菁,黄洁.长三角生态绿色一体化发展示范区产业发展研究[J].南通大学学报(社会科学版),2020,36(02):1-9.
⑦ 陈雯,刘伟,孙伟.太湖与长三角区域一体化发展:地位、挑战与对策[J].湖泊科学,2021,33(02):327-335.

会问题时的相互关系、权力和作用、责任和义务的大治理,是通过寻求合理的一系列有效战略安排,使多元主体有效合作,实现社会公共问题的解决,从而获得社会最大化收益。协同治理将具有不同价值理念、行为模式和政策目标的参与者聚合到一起进行政策协调。通常在政府的主导下,各主体能够以共同目标为导向、以互惠价值为基础,跨越部门或者组织边界共同协力达成集体目标。碳中和目标导向下,区域协同治理的多元主体包括碳排放目标考核涉及的中央和地方政府、需要完成碳减排任务的各类市场主体、需要倡导推动绿色低碳生活方式的各类社会群体等。

(二) 协同治理通过信息共享网络,为多元主体参与提供决策保障

在多元主体参与的协同治理网络中,分权式组织结构和非制度化传播途径会带来种种沟通困难,不同参与主体间建立的信息壁垒进一步加剧了问题的严重性。通过法治保证信息公开,可以打破政府主导治理模式下政府垄断信息、信息传播缓慢和信息失真等现象。开放的治理网络,可以使多元治理主体及时有效地掌握相关的治理信息。社会公众所采集到的生态环境破坏行为的相关信息也能迅速、畅通地进入到决策系统,便于对生态环境破坏行为进行制止和阻断。碳中和视角下,信息共享网络包括自然气候变化信息、社会发展信息、能源生产和消费信息、生态系统适应信息等。

(三) 协同治理通过制度约束,保证共同目标的实现

由于责任分散和社会公平感缺失等原因,多元主体在协同治理过程中还会出现"搭便车"现象。如果缺乏对处于权力位置主体的监督与制约,往往会导致利益集团的利益固化,难以实现公平和正义。因此,协同治理成败的关键在于是否具有制度或正式程序的保障,确保各类主体在协同治理中可能导致的相互冲突得以协调,保证各类主体在协同治理中的功能差异得到整合,最终实现多元参与主体的功能耦合。碳中和视角下,长三角区域协同治理的共同目标是实现 2030 年前碳达峰,2060 年前碳中和。

(四) 协同治理通过利益整合机制,实现多元主体的利益协调

尽管政府可以引导和激励各方将个体利益与公共利益兼容,但当所面临公共事务的复杂性高而各主体间职责又不甚清晰时,协调就变得困难重重。协同治理通过构建畅通稳定的利益表达机制、制度化的利益表达体系,通过对话协商、信息沟通增进全社会的利益共识。通过充分发挥市场机制的作用,建立公平稳定的利益分配体系。同时,还要构架规范稳定的利益补偿机制,使利益受损群体得到合理补偿,从而实现切实有效的利益冲突调解。碳中和目标导向下,长三角区域需要完善区域生态补偿机制,设立"公正转型基金",促进利益受到损失的地区"公正转型"。

(五) 协同治理理论是从系统的角度去看待经济社会的发展

通过管理理念、方式、路径和机制的重要创新,形成多元主体默契配合、井然有序的自发和自组织集体行动,从而实现资源配置效用最大化和系统整体功能的提升。而针对区域协同治理系统,关键在于契合区域的发展阶段、发展特点和发展难题,找到对系统有序运行起决定性作用的序参量,以此为抓手推动机制创新,提升区域治理水平。碳中和目标导向下,长三角区域需要识别影响区域碳达峰和碳中和的序参量,从能源、产业、交通、技术、制度等可能的序参量入手,推动区域绿色一体化发展。

三、区域协同实现"双碳"目标

(一) 气候变化的协同治理是一项复杂而庞大的系统工程,需要各子系统功能之间产生耦合,围绕一致性目标形成共同的运行准则,保证协同治理的整体效益最大化

气候变化的协同治理系统由上海、江苏、浙江、安徽四个区域治理子系统组成,涉及区域生态、经济和社会可持续发展的多元目标。而协同理论是关于系统中各个子系统之间共同行动、耦合结构和资源共享的科学,用来诠释气候变化的协同治理中各个子系统之间的协作关系十分适用。从协同理论的角度看,当前长三角区域气候变化的协同治理体系具有复杂性、开放性、远离平衡有序状态等特征,表现为长三角区域各自为政,经济发展方式粗放、社会管理模式滞后和能源利用方式高碳化,导致生态系统功能的退化,大气污染问题和气候风险灾害对经济社会带来较为严重的经济损失。而气候变化的协同治理系统若要达到有序的稳定结构,必须通过重塑序参量,实现子系统的结构再造和机制优化,确立兼顾生态、经济和社会利益的共同目标,形成共同的合作规则,实现有序运行。

（二）气候变化的协同治理具有区域公共物品特性,容易出现激励不足问题,协同治理可以通过利益的分配与共享,实现各个子系统的协同行动

气候变化具有高渗透性和不可分割性,已经超越了区域内任何一个单一政府组织及部门的管辖权。地方政府为了实现各种政策目的,特别是官员任期制促使他们在短期内维持地方经济的快速发展,导致地方政府不愿意为应对气候变化而投入必要的人力、物力及财力,选择消极参与的"理性行为"。此外,我国行政体制中属地管理的原则导致各个地方政府只负责解决自身所辖范围的环境问题。在解决气候变化的协同治理区域合作困难时,通过引入治理理念来突破科层制行政思维与竞争性逐利心理,提倡合作各方自愿平等参与、达成协同共识、促进集体行动、优化绩效评估、共担合作责任、共享合作收益的协同治理模式,有利于实现府际合作的利益协同。

（三）气候变化的协同治理需要信息共享,构建区域应急预警协同网络

近年来,气候风险灾害作为一种公共危机愈来愈呈现出跨地域的特征,迫切需要建立起跨地域合作的危机治理协同机制。极端天气的预警和应急需要协调区域内各个行政区的气象部门、交通部门、建筑部门、工业部门、地方政府、生态环境部门、教育部门、卫生部门及公众和社会组织,共同行动,才能达到降低气候风险损失的效果。当前"属地管理"模式下,地方政府的活动领域受到制约,跨地域的预警协同网络难以建立。而协同治理理论正是通过建立覆盖全面、协同共享的全社会信息网络,在社会网络各中心主体之间建立起程序化、制度化的信息交流机制,为协同行动提供了支撑。

(四) 气候变化的协同治理需要多元主体参与,凝聚共识

气候变化的协同治理涉及能源结构和产业结构的调整、区域发展模式的转变、应急措施的落实等诸多方面,需要投入大量资金。而气候风险灾害治理成本也不能只由政府来负担,需要通过市场机制和公众参与来实现治理成本的合理分担,通过完善法律规范来明确治污的责任主体,从而对政府部门、企业、公众等各个主体的利益进行重新整合。而协同治理理论则倡导通过构建公众参与的"多中心治理机制",协调多元主体的利益诉求,让公众参与自身生活密切相关的公共政策制定,完善沟通机制,发挥公众监督等社会职能。

第四节　长三角生态绿色一体化
发展的影响因素

当前长三角区域所面临的生态环境问题,本质是人类发展与自然生态系统之间关系的不和谐造成的自然生态系统的干扰和破坏。长三角区域作为我国经济增长最快、经济体量最大的区域之一,在生态绿色一体化发展方面的诉求迫切。在碳中和视角下,总结影响长三角区域生态绿色一体化发展的因素,可以归纳为以下三个方面。

一、长三角区域大气污染协同治理的影响因素

当前长三角区域正在进入协同推进一体化发展的新时代,生态一体化是

长三角一体化的重要方向。[①] 长三角区域环境协同治理在体制机制、信息共享与发布、规划和风险预防、应急联动、法律规范方面仍然面临瓶颈，亟待深化改革。[②] 陈雯等以长三角地方政府的区域合作行为为案例，提出了促进长三角一体化的三种制度安排：合作互信机制、对话协商机制和利益共享机制。[③]

而大气污染的空间污染溢出效应是区域协同治理的直接原因。研究发现，地区空气质量与其他地区产生的污染物在大气中跨界传输有较强的相关性，长三角区域存在着大气污染物输送通道。[④][⑤][⑥] 长三角区域大气污染源解析表明，工业民用源、电厂源、交通源是大气 $PM_{2.5}$ 的重要来源。[⑦] 长三角环境协同治理困境的根源在于行政区划的刚性切割，导致三省一市在环境标准、管理措施上差异明显，缺少明确的环保合作机制。[⑧]

在模式选择方面，汪伟全针对空气污染跨域治理难题提出了府际合作、市场调节、网络治理三种利益协调模式。[⑨] 王振等认为协商会议下的轮值省模式是长三角区域比较适合的协同治理模式。[⑩] 在机制设计方面，董骁、戴星翼认为，长三角地区在大气污染协同治理方面存在着治理协商平台缺乏、环境政策及法规不一致、惩戒力度和追责机制缺失、生态补偿机制还不完善、区域能源安全无法保障等问题。[⑪]

---

① 李培林等.建设具有全球影响力的世界级城市群[M].北京：中国社会科学出版社，2017.

② 王振等.长三角协同发展战略研究[M].上海：上海社会科学院出版社，2018.

③ 陈雯，王珏，孙伟.基于成本—收益的长三角地方政府的区域合作行为机制案例分析[J].地理学报，2019(02)：1-11.

④ 薛文博等.中国 $PM_{2.5}$ 跨区域传输特征数值模拟研究[J].中国环境科学，2014，34(06)：1361-1368.

⑤ Hu, J., Wu, L., Zheng, B. et al. Source contributions and regional transport of primary particulate matter in China[J]. *Environmental Pollution*, 2015, 207, 31-42.

⑥ Li, X., Zhang, Q., Zhang, Y., et al. Source contributions of urban $PM_{2.5}$ in the Beijing-Tianjin-Hebei region: changes between 2006 and 2013 and relative impacts of emissions and meteorology[J]. *Atmospheric Environment*, 2015, 123, 229-239.

⑦ 王书肖，程真等.长三角区域霾污染特征、来源及调控策略[M].北京：科学出版社，2016.

⑧ 周冯琦，程进.长三角环境保护协同发展评价与推进策略[J].环境保护，2016(11)：53-54.

⑨ 汪伟全.空气污染跨域治理中的利益协调研究[J].南京社会科学，2016(4)：79-84.

⑩ 王振等.长三角协同发展战略研究[M].上海：上海社会科学院出版社，2018.

⑪ 董骁，戴星翼.长三角区域环境污染根源剖析及协同治理对策[J].中国环境管理，2015，7(03)：81-85.

二、长三角区域"双碳"目标协同治理的影响因素

长三角区域碳排放总量的空间分布差异明显。对长三角地区 25 个城市 2001—2015 年的研究结果表明,观察期内长三角地区区域层面的能源消费总量、碳排放量和 GDP 均不断增长,能源消费总量和碳排放量占全国比重呈现先上升后波动下降的趋势,但比重较高,碳排放强度低于全国水平,节能减排日渐成效;江苏的碳排放量和碳排放强度均高于其他两省区,是长三角地区节能减排的重点省区。[①] 长三角地区的节能减排任务依然较重,从城市尺度需要重点关注上海、南京、无锡、徐州、苏州、宁波。

长三角协同应对气候变化的法律机制不健全。长三角区域之间签订的地方政府区域合作协议中虽然没有直接关于应对气候变化的规定,但是有个别协议涉及环境保护、能源等相关方面。[②] 由于气候变化具有跨域性、流动性和复杂性的特征,相关联的区域往往超出某一地方政府的管辖范围,治理职责和成效的衡量尺度和标准都很难被科学界定并分解到各地方政府,从而在职责不清、成效不明的情况下地方政府难免出现动力缺乏的症状。

研究影响长三角区域碳排放的因素。从居民消费端来分析碳排放,发现1995—2010 年居民消费碳排放贡献来源主要是非能源商品和服务消费产生的碳排放。[③] 由居民消费水平效应和人口规模构成的居民消费规模变动是1997—2010 年长三角地区碳排放增长的一个最重要因素。[④]

长三角协同应对气候变化的地方政府合作领域亟待拓展。[⑤] 从短期看,地方政府最为关注的节能减排硬性指标实现问题和空气污染治理问题,都是目前地方政府应对气候变化区域合作试点的主要领域。当前应凭借这一契机完

---

① 屠红洲.长三角地区能源消费碳排放与经济增长关系的实证研究[D].华东师范大学,2018.
② 程雨燕.地方政府应对气候变化区域合作的法治机制构建[J].广东社会科学,2016(02):241-248.
③ 陈海燕.长三角地区居民消费对碳排放的影响研究[D].合肥工业大学,2013.
④ 徐智明.长三角地区居民消费碳排放的测算及影响因素分析[D].合肥工业大学,2014.
⑤ 程雨燕.地方政府应对气候变化区域合作的法治机制构建[J].广东社会科学,2016(02):241-248.

善地方政府的相关区域合作。从中期看,应该从能源需求减少、电力低碳化转型、能源低碳化转型、电气化、非能源 CO_2 排放减少、碳汇等领域,探索区域协同的机制。

三、长三角区域绿色基础设施建设的影响因素

现阶段,关于绿色基础设施的研究集中在三个方面。

第一,关于绿色基础设施的定义和内涵。研究分别从区域与城市、社区尺度对生态基础设施提供的调节服务、支持服务、文化服务和供应服务 4 个方面的生态系统服务进行了梳理,但目前生态基础设施与绿色基础设施两者的内涵逐渐趋同。[1][2]

第二,绿色基础设施的规划建设。胡玥分析了长三角区域的中心地斑块和主要连接廊道,提出了构建长三角区域绿色基础设施的网络结构。[3] 吴晓,周忠学分析了西安市绿色基础设施的生态系统服务供给与需求的空间关系。

第三,绿色基础设施的价值评估。[4] 从物质量评估、价值量评估、能值分析以及模型模拟方法在绿色基础设施的价值评估的适用性与局限性,[5]绿色和灰色基础设施耦合系统的效益,[6]广州市城市绿色基础设施的生态系统服务效益[7]等不同角度对绿色基础设施价值进行了评估。尽管跨区域绿色基础设施

① 栾博,柴民伟,王鑫.绿色基础设施研究进展[J].生态学报,2017,37(15):5246 – 5261.
② 韩林桅,张淼,石龙宇.生态基础设施的定义、内涵及其服务能力研究进展[J].生态学报,2019,39(19):7311 – 7321.
③ 胡玥.多尺度绿色基础设施网络结构的规划研究——以长三角区域和上海市为例[D].华东师范大学,2016.
④ 吴晓,周忠学.城市绿色基础设施生态系统服务供给与需求的空间关系——以西安市为例[J].生态学报,2019,39(24):9211 – 9221.
⑤ 韩林桅,张淼,石龙宇.生态基础设施的定义、内涵及其服务能力研究进展[J].生态学报,2019,39(19):7311 – 7321.
⑥ Xu C. et al. Benefits of coupled green and grey infrastructure systems: Evidence based on analytic hierarchy process and life cycle costing[J]. *Resources Conservation & Recycling*, 2019, 151, 104478.
⑦ Chen S. et al. Benefit of the ecosystem services provided by urban green infrastructures: Differences between perception and measurements[J]. *Urban Forestry & Urban Greening*, 2020, 54, 126774.

是一个生态整体,然而它是根据边界分割成不同的主体管理的,①这就产生了跨界治理问题。以国家公园为例,在跨界治理过程中存在三大普遍性问题:跨界协同治理空间边界划定、生态保育政策及执行不统一、毗邻社区居民生计对自然资源依赖与生态保护目标的矛盾。② 中央政府和地方政府有一套既定的政策制定方式,关键的问题是如何评估不同主体对政策的关心程度,以及不同主体如何合作。③④ 影响绿色基础设施开发建设和维护的障碍主要包括5个方面:制度和治理、社会文化、知识、技术和生理特性以及资金和市场。⑤ 利益主体评估他们投资的绿色基础设施绩效的指标有社会利益指标、生物多样性指标、文化遗产指标、环境价值指标等,这取决于绿色基础设施项目的类型。⑥ 探索苏浙沪共同保护太湖、共饮一湖水的"水权交易"机制,是长三角水环境与水资源协同的重点所在。⑦ 而如何辨别长三角区域内河湖湿地、林地、绿道、公园等不同类型的绿色基础设施关键的利益相关者,如何识别绿色基础设施建设的政策机制障碍,当前尚未有研究,这也是本书要关注的重要内容。

---

① Mekala G. D. , MacDonald D. H.. Lost in Transactions: Analyzing the Institutional Arrangements Underpinning Urban Green Infrastructure[J]. *Ecological Economics*, 2018, 147, 399 - 409.

② 张晨,郭鑫,翁苏桐,高峻,付晶.法国大区公园经验对钱江源国家公园体制试点区跨界治理体系构建的启示[J].生物多样性,2019,27(01): 97 - 103.

③ Crawford, S.E. , Ostrom, E.. A grammar of institutions. American Political Science Review [J]. *American Political Science Review*, 1995, 89 (3), 582 - 600.

④ Ostrom, E.. A general framework for analyzing sustainability of social-ecological systems [J]. *Science*, 2009, 325(5939), 419 - 422.

⑤ John D. , Stephen H. , et al.. Barrier identification framework for the implementation of blue and green infrastructures[J]. *Land Use Policy*, 2020, 99.

⑥ Mekala G. D. , MacDonald D. H.. Lost in Transactions: Analyzing the Institutional Arrangements Underpinning Urban Green Infrastructure[J]. *Ecological Economics*, 2018, 147, 399 - 409.

⑦ 陈雯,刘伟,孙伟.太湖与长三角区域一体化发展:地位、挑战与对策[J].湖泊科学,2021,33 (02): 327 - 335.

第二篇　长三角生态绿色一体化发展的实践及政策评估

党的十八大以来,长三角一体化发展取得明显成效,在推动经济高质量发展、建设现代化经济体系、打赢蓝天保卫战等领域取得了一定的成绩。然而从碳中和的视角来看,当前长三角区域的低碳发展水平差异明显,亟须以生态绿色一体化发展理念协同实现碳中和。长三角区域四省(市)目前在能源生产和消费结构、产业结构、低碳发展水平、绿色基础设施建设、区域电力交易市场建设、区域清洁能源开发和大数据赋能碳中和等方面还存在明显的不协同,是碳中和视角下长三角区域生态绿色一体化发展亟须解决的重点任务。

第三章　长三角生态绿色一体化
发展实践进展及成效

长三角区域经济总量规模大,对我国经济整体平稳增长具有重要的决定意义。长三角区域是我国温室气体排放最大的经济区域,这也使得长三角区域的减缓气候变化工作对我国实现 2060 年碳中和目标具有重要影响。而长三角区域三省一市目前在 CO_2 排放总量、重点产业的碳排放、人均碳排放和 CO_2 排放强度等方面还存在明显的差异,亟须通过构建区域一体化发展机制来协同推进 2060 年碳中和目标。国务院通过开展低碳城市试点、设立长三角生态绿色一体化示范区、推动跨区域能源基础设施建设、强化生态环境共保联治、打造高质量发展先行区、创新税收征管服务等政策,支持长三角生态绿色一体化发展实践。然而,当前长三角区域在实现碳中和目标方面依然面临一些问题。

第一节　长三角区域经济发展现状

长三角区域土地面积为 35.91 万平方千米,占全国的 3.7%;2019 年常住人口为 2.27 亿,占全国的 16.22%;2019 年 GDP 为 23.73 万亿元,占全国的 23.94%;2019 年一般公共预算收入为 2.62 万亿元,占全国的 25.92%。可以看出,长三角区域用了我国不足 4％的国土面积,供给了近 1/4 的 GDP 和财政预算收入,养活了超 15％的人口。可以说,长三角区域是我国经济发展最具支撑作用的核心地区之一。然而,长三角区域经济发展水平差异明显,部分地区产业发展水平较低,实现碳中和难度大。

一、长三角区域经济实力雄厚

(一)长三角区域总体经济增长水平高于全国平均水平

2019 年,长三角地区实现地区生产总值,比上年增长 6.4％,较上年减少 0.6 个百分点,高出全国平均水平 0.3 个百分点。分省市看,上海比上年增长 6.0％,比上年增速减少 0.6 个百分点,低于长三角地区平均水平 0.4 个百分点;江苏比上年增长 6.1％,比上年增速减少 0.6 个百分点,低于长三角地区平均水平 0.3 个百分点;浙江比上年增长 6.8％,比上年增速减少 0.3 个百分点,高于长三角地区平均水平 0.4 个百分点;安徽比上年增长 7.5％,比上年增速减少 0.5 个百分点,高于长三角地区平均水平 1.1 个百分点。

(二)长三角地区经济总量规模大,经济发展水平高

江苏省是长三角区域经济规模最大的省份,2019 年生产总值突破 9.96 万亿元,居我国大陆 31 个省级行政区第 2 位;浙江省在长三角区域经济规模位居第二,2019 年地区生产总值约 6.24 万亿元,在我国大陆 31 个省级行政区排第 4 位;上海市 2019 年地区生产总值约 3.82 万亿元,在我国大陆 31 个省级行政区是第 10 位;安徽省在长三角区域经济规模位居末位,2019 年地区生产总值突破 3.71 万亿元,在我国大陆省级行政区排第 11 位。

长三角区域的发展水平整体高于全国平均水平。其中,在人均 GDP 方面,2019 年,长三角区域人均 GDP 为 10.44 万元,高于全国同期平均水平 3.36 万元。2019 年,长三角区域城镇化率达到了 68.2％,比全国平均水平高 7.6 个百分点。2019 年,长三角区域居民人均可支配收入达到了 4.24 万元,比全国

平均水平高 1.17 万元。长三角区域是我国区域发展格局中最具引领作用的核心地区之一。

二、长三角区域发展差距仍然较大

由图 3-1 可知,2019 年,长三角三省一市经济总量规模大致形成 3 万亿—4 万亿元、6 万亿—7 万亿元和 9 万亿—10 万亿元三个梯度。近年省份之间经济规模差距总体呈拉大趋势,其中最大和最小经济体的规模差距明显拉大。虽然近年安徽省生产总值在长三角各省市中保持领先增长态势,但由于经济规模的基础差距较大,经济增速差距较快缩小,近年安徽省与江苏省的地区经济总量差距逐年拉大,2019 年差额达 6.25 万亿元以上,江苏省与浙江省、浙江省与上海市的经济规模差距也呈逐年拉大态势,但安徽省与上海市的经济规模差距逐渐缩小。近年来,长三角地区内部经济格局呈现逐渐转变的发展态势。从近年地区经济总量的分地区构成情况变化来看,总体表现为上海市生产总值在地区总量中的比重逐渐下降,浙江省生产总值在地区总量中的比重先降后趋于稳定,江苏省和安徽省生产总值在地区经济总量中的比重出现不同程度的提高。

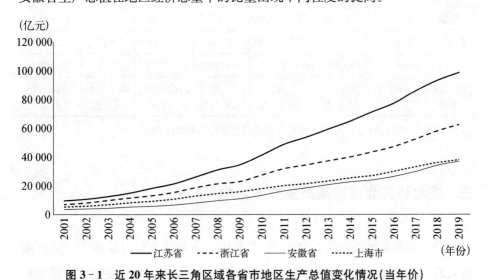

图 3-1　近 20 年来长三角区域各省市地区生产总值变化情况(当年价)

从长三角地区内部发展指标来看(见表3-1),不平衡的问题还比较突出,尤其是安徽省与上海、江苏、浙江三省市的梯度差距较明显。安徽省土地面积在长三角三省一市中最大,尽管经济规模与上海接近,但2019年一般公共预算收入仅为上海市的44.4%。安徽省2019年人均GDP、城镇化率、居民人均可支配收入等发展水平主要指标低于全国平均水平,区域经济发展水平与江浙沪还存在较明显的差距。上海市土地面积居于我国大陆31个省级行政区最末位,但城镇化率、人口密度、地均GDP、地均一般公共预算收入等指标居于全国首位,人均GDP突破2万美元,居我国大陆省级行政区第2位,江苏、浙江两省经济发展总量规模及相对量指标均居于我国大陆各省级行政区前列。

表3-1 2019年长三角地区土地面积、人口和经济主要指标及与全国比较

地区	土地面积(平方公里)	常住人口(万人)	GDP(亿元)	一般公共预算收入(亿元)	人均GDP(万元)	城镇化率(%)	居民人均可支配收入(元)
上海	0.63	2 428	38 155.32	7 165.1	15.73	88.3	69 441.6
江苏	10.72	8 070	99 631.52	8 802.36	12.36	70.61	41 399.7
浙江	10.55	5 850	62 351.74	7 048.58	10.76	70	49 898.8
安徽	14.01	6 366	37 113.98	3 182.71	5.85	55.81	26 415.1
长三角	35.91	22 714	237 252.56	26 198.75	10.44	68.2	42 386.47
全国	960	140 005	990 865.1	101 080.61	7.08	60.6	30 732.8
与全国比较	占3.7%	占16.22%	占23.94%	占25.92%	高3.36万元	高7.6个百分点	高1.17万元

资料来源:国家统计局.中国统计年鉴2020[M].北京:中国统计出版社,2020.

三、皖北和苏北高污染产业过度集中

皖北和苏北地处豫皖苏鲁交界,是我国南方和北方的过渡地带。从安徽省来看,安徽能源消费结构独特。安徽省火电占比很高,然而安徽省的煤炭总

体呈现净输入状态,在从外部调入煤炭的同时,又在向外部输送电力。尤其值得一提的是,皖北以燃煤电厂、煤焦化工、工业锅炉等工业产业为主。其中,淮北、淮南是 2004—2006 年国家发改委批复的全国重要的煤炭基地,是皖电东送、皖煤东送的主要基地,为浙江和上海贡献了清洁能源。可以看出,安徽省过度依赖煤炭发电,这也是安徽省大气污染的原因之一。

从江苏方面来看,徐州市是江苏省唯一的冬季采煤供暖城市。而且该区域平原面积广阔,矿产资源储量丰富、品种繁多,是华东地区重要的煤炭和能源基地。而江苏省的煤炭消费在一次能源消费的比重也很高,而且江苏省电力供应中火电占比也占了 91.70%。在苏北,徐州市是江苏省重要的钢铁基地和炼焦基地,在《江苏省打赢蓝天保卫战三年行动计划实施方案》中,徐州市去产能的任务艰巨。而盐城市和连云港市则为江苏省的沿海化工园区集中区,像响水化工园区这样的市级化学工业园区较多。可以说,从工业生产源来看,皖北和苏北已成为造成长三角大气污染的重要源头。长三角区域需协同推进产业转型升级,加快向先进制造业和高端服务业转型。

第二节 长三角三省一市低碳发展的现状

一、CO_2 排放总量

从图 3-2 可以看出,1997 年以来,长三角三省一市的碳排放总量呈现逐年增加态势。从时间上来看,进入 2000 年以来,长三角区域各省市的碳排放开始快速增长,其中:江苏省碳排放总量在 2015 年出现了阶段性高点,碳排放总量达到 7.60 亿吨,而 2019 年又创出了新高,碳排放总量达到 8.04 亿吨;浙江省在 2011 年达到 3.79 亿吨的阶段性高点之后,连续 5 年碳排放总量波动较小,而在 2017 和 2018 年又相继创出 3.82 亿吨和 3.88 亿吨的新高;上海市在 2013 年达到 2.01 亿吨之后,碳排放总量开始呈现小幅波动态势,到 2019 年碳排放总量达到 1.93 亿吨；安徽省碳排放总量目前仍在逐年增加，在 2018 年已经超越浙江省，达到 3.99 亿吨，到 2019 年继续增加到 4.08 亿吨。总结来看，自 1997 年以来，长三角三省一市的碳排放总量增长态势差异明显，上海市碳排放有可能已经在 2013 年实现了达峰，而江苏省和浙江省的碳排放总量已经接近达峰状态，然而，安徽省的碳排放仍然呈现快速增长态势。

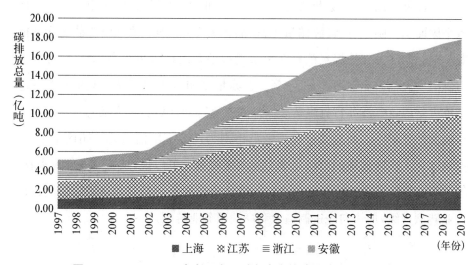

图 3-2 1997—2019 年长三角区域各省市的碳排放总量变化情况
数据来源：CEADS 数据库①。

从结构上来看，江苏省是长三角区域碳排放总量最大省份，碳排放占长三角区域的比重多年维持在 35％—46％之间，而上海市在 2006 年以来是长三角区域碳排放总量最小的省份，碳排放占长三角区域的比重多年维持在 10％—16％之间。浙江省和安徽省的碳排放占长三角区域总排放的比重在 2017 年趋于一致。从趋势上看，2003 年以来，上海市碳排放占比有逐年下降趋势，而2005 年以来，安徽省碳排放占比有逐年上升趋势。到 2019 年，江苏省、安徽省、浙江省和上海市碳排放占长三角区域的比重分别为 45.03％、22.84％、21.34％和 10.80％。详见图 3-3。

———————————
① CEADs 中国碳核算数据库.1997—2019 年 30 个省份排放清单［DB/OL］.（2021）［2021-11-19］.https://www.ceads.net.cn/data/province/by_sectoral_accounting/Provincial/.

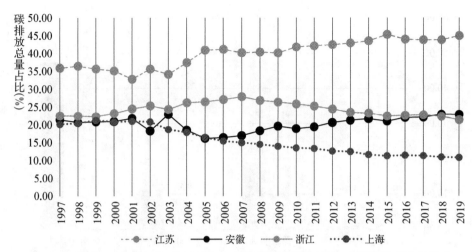

图 3 - 3　1997—2019 年长三角区域各省市的碳排放总量占长三角区域比例变化情况
数据来源：CEADS 数据库①。

二、重点产业的碳排放

如图 3 - 4，分产业来看，在 2019 年长三角区域有四大行业是碳排放的主要来源。其中，电力热力的生产和供应业（简称"电力热力"）占了长三角区域碳排放总量的 54.26％，黑色金属冶炼和延压加工业（简称"黑色金属"）占了长三角区域碳排放总量的 15.61％，交通运输、仓储邮政业（简称"交通运输"）占了长三角区域碳排放总量的 8.29％，非金属矿物制品业（简称"非金属"）占了长三角区域碳排放总量的 8.55％。

由图 3 - 4 可以看出，2019 年我国的四大重点行业的碳排放与长三角区域的具有相似性和差异性。相似性方面，四大重点行业在我国碳排放总量中的占比达到了 85.74％，在长三角区域的碳排放总量中的占比达到了 86.70％，可以说不管在长三角区域还是在全国层面，四大重点行业均是最主要的碳排放来源。差异性方面，在电力热力和交通运输行业，长三

① CEADs 中国碳核算数据库.1997 年—2019 年 30 个省份排放清单［DB/OL］.（2021）［2021 - 11 - 19］. https://www.ceads.net.cn/data/province/by_sectoral_accounting/Provincial/.

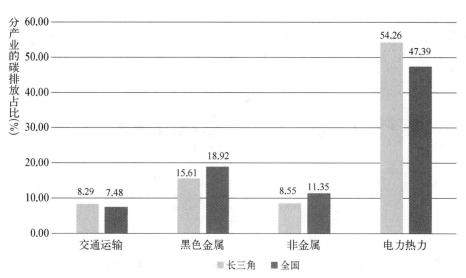

图 3 - 4 2019 年长三角区域与全国四大重点行业碳排放在总排放中的占比差异
数据来源：CEADS 数据库①。

角区域的碳排放占比要高于全国水平,其中电力热力方面要比全国水平高出 6.87 个百分点,在交通运输行业比全国水平高出 0.81 个百分点。在黑色金属和非金属行业,长三角区域要的碳排放占比要低于全国水平,其中在黑色金属行业要比全国水平低 3.31 个百分点,在非金属行业比全国水平低 2.80 个百分点。

分地区来看,1997 年和 2019 年长三角区域不同地区的重点行业的碳排放占比差异明显。由图 3 - 5 可知,长三角区域各地区的电力热力行业中,江苏省在 1997 年的碳排放占比是长三角区域中最高的地区,达到了 59.62%,而上海市为最低的,占比为 38.44%;到了 2019 年,浙江省的电力热力行业的碳排放占比为是 62.40%,是长三角区域最高的,而上海市为最低,占比为 32.57%。长三角区域各地区的非金属产业中,1997 年浙江省非金属产业碳排放占比是最高的,为 12.23%,上海市最低,为 3.36%;而 2019 年安徽省非金属产业占比为最高,为 12.19%,上海市依然最低,为 1.45%。长三角区域各地区的黑色金

---

① CEADs 中国碳核算数据库.1997 年—2019 年 30 个省份排放清单[DB/OL].(2021)[2021 - 11 - 19]. https://www.ceads.net.cn/data/province/by_sectoral_accounting/Provincial/.

属产业中,1997 年上海市的黑色金属产业碳排放占比是最高的,为 24.95％,浙江省最低,为 3.09％;而 2019 年江苏省黑色金属产业碳排放占比是最高的,为 23.45％,浙江省最低,为 3.60％。长三角区域各地区的交通运输产业中,1997 年上海市的交通运输产业碳排放占比是最高的,为 8.07％,安徽省最低,为 2.87％;2019 年上海市的交通运输产业碳排放占比依然最高,为 26.88％,安徽省最低,为 5.26％。而由图 3－5 可知,尽管电力热力行业是长三角区域各地区碳排放占比最大的产业,但在交通运输、非金属和黑色金属这三个行业的碳排放占比中,四省市因产业结构的差异和产业结构的转型,在 1997 年和 2019 年存在显著差异。

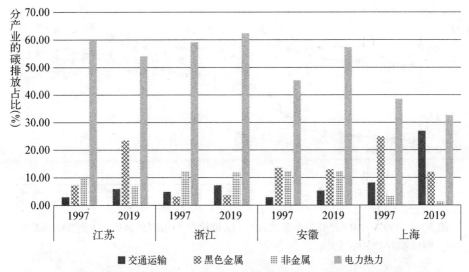

图 3－5　分省份 1997 年和 2019 年重点行业的碳排放占当地碳排放总量的比重
数据来源:CEADS 数据库①。

三、人均碳排放

长三角区域各地区的人均碳排放在 1997—2019 年变化趋势各异。由图

---

① CEADs 中国碳核算数据库.1997 年—2019 年 30 个省份排放清单[DB/OL].(2021)[2021 - 11 - 19].https://www.ceads.net.cn/data/province/by_sectoral_accounting/Provincial/.

3-6可知,长三角区域的人均碳排放自1997年以来呈现快速增长态势,到2010年左右增幅开始收敛。而从长三角区域内部来看,上海的人均碳排放自1997年以来为最高,在2012年被江苏省超越,到2019年略高于长三角平均水平。安徽省的人均碳排放量为最低,到2019年仍然低于长三角平均水平。浙江省的人均碳排放在2011年以后就低于长三角平均水平。到2019年,上海、江苏、浙江和安徽和长三角区域的人均碳排放分别为:7.95吨/人、9.97吨/人、6.52吨/人、6.41吨/人和7.87吨/人。

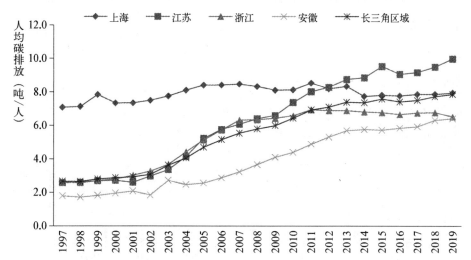

图3-6 1997—2019年长三角区域人均CO_2排放变化情况(终端能耗法测算碳排放)
数据来源:CEADs数据库①。

四、CO_2排放强度

一个地区的CO_2排放强度反映了地区经济发展对高碳资源的依赖程度。根据图3-7可知,长三角区域的碳排放强度自1997年以来呈现单边下降趋势。其中,安徽省的碳排放强度在1997—2019年一直处于最高水

---

① CEADs中国碳核算数据库.1997—2019年30个省份排放清单[DB/OL].(2021)[2021-11-19].https://www.ceads.net.cn/data/province/by_sectoral_accounting/Provincial/.

平,而江苏、浙江、上海三地的碳排放强度差别不大,均呈现单边下降趋势。到 2019 年,上海、江苏、浙江、安徽和长三角区域的碳排放强度分别为 0.51 吨/万元、0.81 吨/万元、0.61 吨/万元、1.10 吨/万元和 0.75 吨/万元。

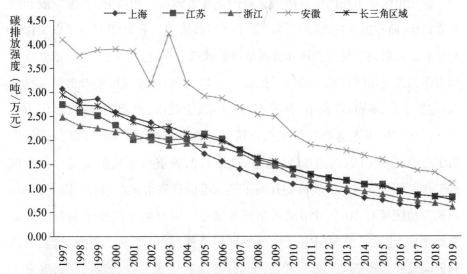

图 3-7 1997—2019 年长三角区域碳排放强度变化(终端能耗法测算碳排放)
数据来源:CEADs 数据库①。

第三节 推进长三角区域生态绿色
一体化发展的国家政策

作为国家区域协调发展战略的重要载体,长三角区域的发展和繁荣离不开党中央和国务院的大力支持。近 10 年来,在应对气候变化、区域一体化高质量发展、生态环境联防联控等方面,国务院为长三角区域出台了一系列的专

---

① CEADs 中国碳核算数据库.1997 年—2019 年 30 个省份排放清单[DB/OL].(2021)[2021 - 11 - 19].https://www.ceads.net.cn/data/province/by_sectoral_accounting/Provincial/.

项政策,有力地推动着长三角区域的生态绿色一体化发展。

一、开展低碳城市试点

长三角区域是我国低碳政策试点的重要落脚点。2010 年,国家发展和改革委员会(简称国家发改委)下发《关于开展低碳省区和低碳城市试点工作的通知》,正式启动了低碳省区和低碳城市的试点工作,包括 5 省 8 市,浙江省杭州市作为长三角区域唯一的第一批试点。2012 年,国家发改委开展第二批试点,包括 1 省 28 市,苏州市、淮安市、镇江市、宁波市、温州市、池州市作为长三角区域的城市入选第二批试点。随后的低碳省市试点继续深化,并衍生出了低碳工业园区、低碳社区、低碳城(镇)、低碳重点小城镇试点示范等试点工作。2017 年,国家发改委开展了第三批低碳省市试点,包括 45 个城市,而长三角区域有 10 个城市纳入第三批试点。试点城市按要求编制了低碳发展规划,建立了控制温室气体排放目标考核制度,探索了创新经验、做法和低碳发展管理能力(表 3 - 2)。同时,各地区也在工业、建筑、交通等多个行业领域积极探索各具特色的低碳发展路径和创新模式。以循环经济示范试点为开端,各地积极探索创新低碳发展模式、碳排放达峰路径、近零碳排放、气候适应型城市试点建设、节能与新能源汽车试点、低碳产品认证,以及碳捕集、利用与封存技术,建成一批低碳示范社区、低碳产业示范园区和低碳商业区。

表 3 - 2 三批低碳城市试点长三角城市名单及达峰年份、创新重点

省份	城市	达峰年份	试点批次	创 新 重 点
江苏	南京市	2022 年	第三批试点	1. 建立碳排放总量和强度"双控"制度;2. 建立碳排放权有偿使用制度;3. 建立低碳综合管理体系
	常州市	2023 年	第三批试点	1. 建立碳排放总量控制制度;2. 建立低碳示范企业创建制度;3. 建立促进绿色建筑发展及技术推广的机制

（续表）

省份	城市	达峰年份	试点批次	创　新　重　点
江苏	淮安市	—	第二批试点	1. 编制低碳发展规划；2. 积极倡导低碳绿色生活方式和消费模式；3. 加快建立以低碳排放为特征的产业体系；4. 建立温室气体排放数据统计和管理体系；5. 建立控制温室气体排放目标责任制
	镇江市	2020 年	第二批试点	1. 编制低碳发展规划；2. 积极倡导低碳绿色生活方式和消费模式；3. 加快建立以低碳排放为特征的产业体系；4. 建立温室气体排放数据统计和管理体系；5. 建立控制温室气体排放目标责任制
	苏州	2020 年	第二批试点	1. 编制低碳发展规划；2. 积极倡导低碳绿色生活方式和消费模式；3. 加快建立以低碳排放为特征的产业体系；4. 建立温室气体排放数据统计和管理体系；5. 建立控制温室气体排放目标责任制
浙江	杭州	—	第一批试点	1. 编制低碳发展规划；2. 制定支持低碳绿色发展的配套政策；3. 加快建立以低碳排放为特征的产业体系；4. 建立温室气体排放数据统计和管理体系；5. 积极倡导低碳绿色生活方式和消费模式
	宁波市	2018 年	第二批试点	1. 编制低碳发展规划；2. 积极倡导低碳绿色生活方式和消费模式；3. 加快建立以低碳排放为特征的产业体系；4. 建立温室气体排放数据统计和管理体系；5. 建立控制温室气体排放目标责任制
	温州市	2019 年	第二批试点	1. 编制低碳发展规划；2. 积极倡导低碳绿色生活方式和消费模式；3. 加快建立以低碳排放为特征的产业体系；4. 建立温室气体排放数据统计和管理体系；5. 建立控制温室气体排放目标责任制
	嘉兴市	2023 年	第三批试点	探索低碳发展多领域协同制度创新
	金华市	2020 年左右	第三批试点	探索重点耗能企业减排目标责任评估制度
	衢州市	2022 年	第三批试点	1. 建立碳生产力评价考核机制；2. 探索区域碳评和项目碳排放准入机制；3. 建立光伏扶贫创新模式与机制

（续表）

省份	城市	达峰年份	试点批次	创 新 重 点
安徽	池州市	2030 年	第二批试点	1. 编制低碳发展规划；2. 积极倡导低碳绿色生活方式和消费模式；3. 加快建立以低碳排放为特征的产业体系；4. 建立温室气体排放数据统计和管理体系；5. 建立控制温室气体排放目标责任制
	合肥市	2024 年	第三批试点	1. 建立碳数据管理制度；2. 探索低碳产品和技术推广制度
	淮北市	2025 年	第三批试点	1. 建立新增项目碳核准准入机制；2. 建立评估机制和目标考核机制；3. 建立节能减碳监督管理机制；4. 探索碳金融制度创新；5. 推进低碳关键技术创新
	黄山市	2020 年	第三批试点	1. 实施总量控制和分解落实机制；2. 发展"低碳＋智慧旅游"特色产业
	六安市	2030 年	第三批试点	1. 开展低碳发展绩效评价考核；2. 健全绿色低碳和生态保护市场体系
	宣城市	2025 年	第三批试点	探索低碳技术和产品推广制度创新
上海	上海市	2025 年	第二批试点	1. 编制低碳发展规划；2. 积极倡导低碳绿色生活方式和消费模式；3. 加快建立以低碳排放为特征的产业体系；4. 建立温室气体排放数据统计和管理体系；5. 建立控制温室气体排放目标责任制

注："—"表示尚未明确达峰时间。
资料来源：① 发展改革委网站.发展改革委关于开展第三批国家低碳城市试点工作的通知[N/OL].[2017 - 01 - 24].http://www.gov.cn/xinwen/2017-01/24/content_5162933.htm；② 发展改革委网站.关于开展低碳省区和低碳城市试点工作的通知（发改气候[2010]1587 号）[N/OL].[2010 - 07 - 19].https://zfxxgk.ndrc.gov.cn/web/iteminfo.jsp? id=1070.

二、高水平建设长三角生态绿色一体化发展示范区

自从 2019 年长三角生态绿色一体化发展示范区设立以来，上海青浦区和嘉定区、浙江嘉善县、江苏苏州吴江区在严格保护生态环境的前提下，率先探索将生态优势转化为经济社会发展优势，从项目协同走向区域一体化制度创新，打破行政边界，不改变现行的行政隶属关系，实现共商共建共管共享共赢，

为长三角生态绿色一体化发展探索路径和提供示范。总结来说,有四个方面。

(一) 联手打造生态友好型一体化发展样板

通过共同制定实施示范区饮用水水源保护法规,建立严格的生态保护红线管控制度,共同建立区域生态环境和污染源监控的平台,共建以水为脉、林田共生、城绿相依的自然生态格局,切实加强跨区域河湖水源地保护等举措,探索生态友好型高质量发展模式。推动改革创新示范。积极深入落实新发展理念、一体化制度率先突破、深化改革举措系统集成的路径,充分发挥其在长三角一体化发展中的示范引领作用。

(二) 创新重点领域一体化发展制度,在同一规划管理、统筹土地管理、建立要素自由流动制度、创新财税分享机制、协同公共服务政策等领域进行了创新

通过统一编制长三角生态绿色一体化发展示范区总体方案,建立跨区域统筹用地指标、盘活空间资源的土地管理机制,统一企业登记标准,建立跨区域投入共担、利益共享的财税分享管理制度等,推动三地打破行政壁垒,实现一体化建设。

(三) 加强改革举措集成创新,系统集成重大改革举措,全面强化制度政策保障,建设改革新高地

加快上海和浙江自由贸易试验区、上海全球科创中心建设、浙江国家信息经济示范区、嘉善县域科学发展示范点、江苏国家新型城镇化综合改革试点、苏州工业园区构建开放型经济新体制综合试点试验等制度创新成果的集成落实。

(四) 引领长三角一体化发展

通过形成推广清单并按照程序报批,按照中心区、全域、全国推广的层次,复制推广示范区的制度经验;通过充分发挥示范区引领带动作用,构建区域一体化的创新链和产业链,打造高品质生态和人居环境,吸引各类高端人才与周边区域流动共享。

三、协同推进跨区域能源基础设施建设

实现碳中和,能源领域是关键。根据 2019 年 12 月国务院印发的《长江三角洲区域一体化发展规划纲要》,长三角区域要协同推进跨区域能源基础设施建设,主要包括油气基础设施、区域电网和新能源设施建设三个方面。

(一) 统筹建设油气基础设施

完善区域油气设施布局,推进油气管网互联互通。编制实施长三角天然气供应能力规划,加快建设浙沪联络线,推进浙苏、苏皖天然气管道联通。加强液化天然气(LNG)接收站互联互通和公平开放,加快上海、江苏如东、浙江温州 LNG 接收站扩建,宁波舟山 LNG 接收站和江苏沿海输气管道、滨海 LNG 接收站及外输管道的联通。实施淮南煤制天然气示范工程。积极推进浙江舟山国际石油储运基地、芜湖 LNG 内河接收(转运)站建设,支持 LNG 运输船舶在长江上海、江苏、安徽段开展航运试点。

(二) 加快区域电网建设

完善电网主干网架结构,提升互联互通水平,提高区域电力交换和供应保障能力。推进电网建设改造与智能化应用,优化皖电东送、三峡水电沿江输电通道建设,开展区域大容量柔性输电、区域智慧能源网等关键技术攻关,支持安徽打造长三角特高压电力枢纽。依托两淮煤炭基地建设清洁高效坑口电站,保障长三角供电安全可靠。加强跨区域重点电力项目建设,加快建设淮南—南京—上海 1 000 千伏特高压交流输电工程过江通道,实施南通—上海崇明 500 千伏联网工程、申能淮北平山电厂二期、省际联络线增容工程。

(三) 协同推动新能源设施建设

因地制宜积极开发陆上风电与光伏发电,有序推进海上风电建设,鼓励新能源龙头企业跨省投资建设风能、太阳能、生物质能等新能源。加快推进浙江宁海、长龙山、衢江和安徽绩溪、金寨抽水蓄能电站建设,开展浙江磐安和安徽桐城、宁国等抽水蓄能电站前期工作,研究建立华东电网抽水蓄能市场化运行的成本分摊机制。加强新能源微电网、能源物联网、"互联网＋智慧"能源等综合能源示范项目建设,推动绿色化能源变革。

四、强化生态环境共保联治

2019 年 12 月国务院发布《长江三角洲区域一体化发展规划纲要》,明确提出要坚持生态保护优先,把保护和修复生态环境摆在重要位置,加强生态空间共保,推动环境协同治理,夯实绿色发展生态本底,努力建设绿色美丽长三角。

(一) 共同加强生态保护

合力保护重要生态空间。切实加强生态环境分区管治,强化生态红线区域保护和修复,确保生态空间面积不减少,保护好长三角可持续发展生命线。共同保护重要生态系统。强化省际统筹,加强森林、河湖、湿地等重要生态系统保护,提升生态系统功能。

(二) 推进环境协同防治

推动跨界水体环境治理。扎实推进水污染防治、水生态修复、水资源保护,促进跨界水体水质明显改善。继续实施太湖流域水环境综合治理。加强港口船舶污染物接收、转运及处置设施的统筹规划建设。联合开展大气污染综合防治。强化能源消费总量和强度"双控",进一步优化能源结构,依法淘汰落后产能,推动大气主要污染物排放总量持续下降,切实改善区域空气质量。加强固废危废污染联防联治。统一固废危废防治标准,建立联防联治机制,提高无害化处置和综合利用水平。

（三）推动生态环境协同监管

完善跨流域跨区域生态补偿机制。建立健全开发地区、受益地区与保护地区横向生态补偿机制,探索建立污染赔偿机制。在浙江丽水开展生态产品价值实现机制试点。建设新安江—千岛湖生态补偿试验区。健全区域环境治理联动机制。强化源头防控,加大区域环境治理联动,提升区域污染防治的科学化、精细化、一体化水平。统一区域重污染天气应急启动标准,开展区域应急联动。

五、聚力打造高质量发展先行区

（一）加快推进产业和城市一体化发展

2020年12月,科技部印发《长三角科技创新共同体建设发展规划》,提出要一体化推进创新高地建设,聚力打造高质量发展先行区。2020年10月,国务院6部门联合印发《长三角G60科创走廊建设方案》,聚焦产业和城市一体化发展,以产业发展提升城市能级,以城市发展支撑产业转型,打造便捷交通网络,提升城市智能化管理水平,加快推进产业和城市一体化发展。

第一,一体化推进创新高地建设。瞄准世界科技前沿和产业制高点,充分发挥创新资源集聚优势,协同推动原始创新、技术创新和产业创新,共建多层次产业创新大平台,形成具有全国影响力的科技创新和制造业研发高地。

第二,联合推进G60科创走廊建设,共同打造产城融合宜居典范。健全互联互通的综合交通体系。加快沪苏湖高铁、沪嘉城际轨道等工程建设,推进区域内高速铁路和城际铁路有机衔接、便捷换乘。加强基础设施互联互通,加快综合交通枢纽城市建设,增强重要交通节点枢纽功能,放大同城效应,形成要素汇聚、统筹整合、功能互补、辐射带动的空间布局,推动创新产业和城市功能融合发展。

第三，协力培育沿海沿江创新发展带。以上海为中心，沿海岸线向北、向南展开，分别打造北至南通、盐城、连云港的沪通港沿海创新发展翼和南至宁波、绍兴、舟山、台州、温州的沪甬温沿海创新发展翼。依托长江黄金水道，打造沿江创新发展带，支持环太湖科技创新带发展，充分发挥皖江城市带承接产业转移示范区的区位优势，建设科技成果转化和产业化基地，支撑跨江联动和港产城一体化发展，增强长三角地区对长江中游地区的辐射带动作用。

第四，协力提升现代化产业技术创新水平。强化区域优势产业创新协作。在电子信息、生物医药、航空航天、高端装备、新材料、节能环保、海洋工程装备及高技术船舶等重点领域，建立跨区域、多模式的产业技术创新联盟，支持以企业为主体建立一批长三角产学研协同创新中心。

第五，支撑循环型产业发展。以长三角生态绿色一体化发展示范区为依托，加强环境生态系统综合治理的科技创新供给，推进高新技术产业开发区工业污水近零排放、固废资源化利用和区域大气污染联防联控科技创新，开展整体技术方案与政策集成示范。

（二）在 G60 科创走廊建设方面，主要的政策创新有以下三个方面

第一，加强标准统一的建设用地管理。鼓励开展土地审批制度改革探索，大幅缩减审批时限，对产业集聚度高的区域合理提高土地利用效率和开发强度。加大批而未供和闲置土地处置力度，进一步盘活存量低效建设用地，推进落实国有建设用地转让、出租、抵押二级市场的相关政策，制定产业集群发展的土地配套政策。

第二，一体推动重点领域智慧应用。聚焦社会治理、民生服务、产业融合等重点领域开展示范应用，支持发展"互联网＋""智能＋"等新业态，提升城市居住品质。全面部署 IPv6，加快 5G 商用进程，深入推进工业互联网创新发展工程，推进工业互联网标志解析体系建设，加强上海松江区等工业互联网试点示范，构建全要素、全价值链、全产业链的工业互联网生态体系。深化"城市大脑"交通场景应用，利用车联网技术提升高速公路智能化信息水平。

第三,示范带动产城融合发展。依托上海临港松江科技城、苏州工业园区、嘉兴科技城、合肥滨湖科技城,建设产城融合发展示范园区,打造产城深度融合发展标杆。充分发挥产城融合发展示范园区引领作用,复制推广制度经验,以产促城、以城兴产,留足生态空间,促进生产、生活、生态融合发展,示范带动 G60 科创走廊全域形成生态友好型高质量融合发展新高地。

第四节　碳中和导向下的长三角生态绿色一体化发展面临的问题

碳中和视角下,当前长三角区域生态绿色一体化发展面临的问题依然很多,主要体现在气候风险灾害严重、应对气候变化制度建设不协同两个方面。

一、长三角区域的气候风险防范能力不足

(一) 长三角区域面临的气候风险灾害严重,气候变化适应面临共同的挑战

气候变化适应是对实际或预期的气候变化及其影响进行调适以增加城市适应力的过程。气候变化适应通常解决降雨量增大(或降低)或气温上升、极端天气事件和海平面上升问题。这些问题已经因全球变暖而暴露出来,大多数情况下还会更严重。

2020 年长三角区域暴雨洪涝灾害较常年偏重。根据《2020 年中国气候公报)》,长江流域和黄河流域降水量均为 1961 年以来历史同期最多,淮河和太湖流域为历史同期第二多。6—7 月,安徽降水量分别较常年同期偏多 113%,为1961 年以来历史同期最多,江苏、浙江、上海降水量分别较常年同期偏多 78%、39%和 74%,均为历史第二多。持续暴雨过程造成长江、淮河、太湖发生流域性洪水。

海平面上升对城市安全带来影响,主要体现为抗洪防汛标准呈趋势性下降,风暴潮灾害威胁加大,市区排涝能力下降;水资源受咸水上溯污染,城市用

水源地受到威胁;咸潮入侵使得地下水位抬升和土地盐质化。海平面上升还削弱了长三角区域沿海城市的可利用土地的增长潜力、对沿海岸线工程构成威胁、冲击滨海旅游业、加重洪涝灾害的社会损失。宿海良等[①]对 1949—2018 年登陆台风的主要特征研究表明,我国沿海省份台风登陆点的分布中,浙江位于第 5 位,江苏位于第 8 位,上海位于第 10 位。长三角区域也是我国台风灾害较为频发的区域之一。

极端不利天气还会给公路和铁路及航空运输等造成较大影响。根据《2020 年中国气候公报》,2020 年 8 月 4—5 日,受台风"黑格比"影响,浙江、上海等地航空、铁路、水路交通受阻;杭州萧山国际机场取消当天进出港航班 112 架次,温州机场取消进出港航班 61 架次,浙江停运列车数 80 余趟,杭州交通港航三堡船闸、新坝船闸、江边闸单向放行,全航区客渡船全部回港停航;上海两大机场 600 多个航班延误或取消,铁路上海站 29 个列车车次临时停运,5 条轮渡线停航,两条公交线路停运。

2019 年,中国各省份沿海海平面均高于常年,而长三角区域尤为突出。其中,浙江沿海海平面偏高明显,较常年高 93 毫米,天津、福建和广东沿海次之,海平面较常年分别高 90 毫米、78 毫米和 85 毫米;辽宁、山东、江苏和广西沿海海平面较常年分别高 53 毫米、54 毫米、57 毫米和 58 毫米(见图 3—8)。

2019 年,中国沿海海平面偏高,加剧了风暴潮、滨海城市洪涝和咸潮的影响程度,其中:浙江沿海受风暴潮和洪涝影响较大;长江口、钱塘江口和珠江口咸潮入侵程度总体加重。2019 年 8 月 9—14 日,超强台风"利奇马"先后影响浙江沿海至辽宁沿海,其间沿海最大增水超过 300 厘米;浙江沿海海平面较常年高 610 毫米,高海平面加剧灾害影响,给浙江带来严重经济损失。2019 年 9 月 30 日—10 月 2 日,强热带风暴"米娜"影响福建、浙江和江苏沿海,其间沿海最大增水超过 110 厘米;浙江沿海海平面较常年高 450 毫米,高海平面、天文大潮和风暴增水共同作用加剧了对浙江省的影响。

---

① 宿海良,东高红,王猛,袁雷武,费晓臣.1949—2018 年登陆台风的主要特征及灾害成因分析研究[J].环境科学与管理,2020,045(005):128-131.

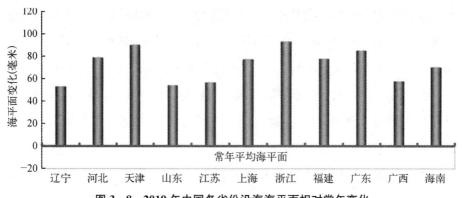

图 3 - 8 2019 年中国各省份沿海海平面相对常年变化

资料来源:《2019 年中国海平面公报》。

海平面、潮汐、风暴潮和上游来水等影响咸潮入侵距离和入侵程度。2019 年长江口青草沙水库监测到 3 次较强的咸潮入侵过程。9 月,长江口沿海处于季节性高海平面期,22—28 日发生咸潮入侵,其间又恰逢台风"塔巴"影响长江口,海平面较常年高 325 毫米,加剧了咸潮入侵程度,青草沙水库氯度超标 144 小时。钱塘江口 9 月 28 日—12 月 15 日,连续 6 次天文大潮期间均发生较强的咸潮入侵过程。9 月,杭州湾沿海处于季节性高海平面期,9 月 28 日—10 月 2 日发生咸潮入侵,其间又恰逢台风"米娜"影响杭州湾,海平面较常年高 450 毫米,加剧了咸潮入侵程度,南星水厂氯度超标 41 小时;11 月 25 日—12 月 1 日,出现本年最强咸潮入侵过程,其间海平面较常年高约 100 毫米,受其影响南星水厂氯度超标 134 小时。

(二) 长三角区域近年来受气候灾害的经济损失数额巨大

根据《2019 年中国海洋灾害公报》[①],2019 年,我国海洋灾害直接经济损失最严重的省份是浙江省,直接经济损失 87.35 亿元,死亡(含失踪)2 人。江苏省的主要海洋灾害致灾原因为风暴潮和海浪、直接经济损失 0.37 亿元,死亡(含失踪)1 人。上海的致灾原因为风暴潮,直接经济损失 0.03 亿元。2019 年

---

① 自然资源部.2019 年中国海洋灾害公报[R].[2020 - 04 - 30].http://gi.mnr.gov.cn/202004/t20200430_2510979.html.

8月,浙江沿海处于季节性高海平面期;9—12日,超强台风"利奇马"影响期间,浙江沿海大部分地区出现暴雨,其间海平面较常年高610毫米。"利奇马"给浙江的农业、工业和基础设施等带来严重损失,直接经济损失超过385亿元。2019年9—10月,浙江沿海处于季节性高海平面期;9月30日—10月2日,强热带风暴"米娜"影响期间,浙江沿海最大累计降雨量超过200毫米,海平面较常年高450毫米,又恰逢天文大潮,多种因素的共同作用造成沿海地区行洪困难,内涝严重。"米娜"造成浙江直接经济损失超过31亿元。

浙江省2020年首次发布《浙江省适应气候变化评估报告》显示,2009—2018年,气象和海洋灾害造成的经济损失占浙江GDP的0.25%—2.5%。其中,"菲特"台风造成浙江直接经济损失581亿元,致使当年海洋灾害损失较上年突增5.6倍;气候变化导致高温热害、伏旱、洪涝,进而严重影响粮食生产,如2013年,浙江农业受灾面积达1 670千公顷,为近10年来之最。

二、应对气候变化的制度建设不协同

在应对气候变化制度建设方面,长三角区域三省一市仍未实现跨省对接。当前,低碳发展管理体制改革的重大制度实现突破,气候变化管理职能调整到生态环境部,是一次重大体制安排[①]。中央层面已经印发《生态环境部职能配置、内设机构和人员编制规定》《长江三角洲区域一体化发展规划纲要》等,极大地推动着长三角应对气候变化的治理体系的构建与完善。然而长三角区域在绿色金融市场机制、一体化制度创新和改革集成、关键部门的碳减排、气候风险数据管理方面仍然存在制度上的不协同。

(一) 在完善绿色金融市场机制方面,各省发展程度不同

在电力市场化配置方面,长三角区域改革攻坚难度依然明显。

---

① 解振华.深入推进新时代生态环境管理体制改革[J].中国机构改革与管理,2018(10):6-11.

2015 年的新一轮电力体制改革启动以来,长三角区域电力市场的建设仍存在交易壁垒。2020 年 2 月,国家发展改革委、国家能源局印发《〈关于推进电力交易机构独立规范运行的实施意见〉的通知》,提出要在 2022 年年底前,京津冀、长三角、珠三角等地区的交易机构相互融合,适应区域经济一体化要求的电力市场初步形成。要继续深度参与"国内大循环"体制,必须尽快提高要素配置效率,构建一体化的要素流动市场。目前在全国范围内,成立了北京交易中心(国网)和广州交易中心(南网),但跨区域市场一体化条件尚不具备。在省级层面,各省成立了省级交易中心,而省级交易中心的功能定位客观上不利于打破省间壁垒,反而造成了市场割据。2019 年,国家发改委发布《关于深化电力现货市场建设试点工作的意见》(简称《意见》)明确提出"有利于区域市场建设",要求电力现货试点符合国家区域协调发展要求,服务长三角一体化发展等重大战略。因此,如何在长三角区域层面,组建独立规范运行的电力现货交易机构,是当前电力体制改革的必须破解的难题。在碳交易市场建设方面,长三角区域合作仍需加强。全国碳交易市场启动的准备工作正在逐步开展,如何依托上海建设国际金融中心的优势,加强长三角区域碳金融制度创新,促进长三角区域碳金融体系的完善。当前长三角区域环境协同治理在问责机制、信息共享与发布、规划和风险预防、应急联动、法律规范方面仍然面临瓶颈,亟待深化改革。①②③ 而如何将江苏省的绿色信用体系经验在长三角区域推广,逐步建立和完善上市公司和发债企业强制性碳排放信息披露制度也是长三角区域低碳制度创新的重点。

(二) 在一体化制度创新和改革集成方面,仍需要不断探索和突破

长三角生态绿色一体化示范区生态环境资源本底现状与愿景目标仍有较大差距。示范区"两核"建设体系中明确环淀山湖区是"生态核",对标世界级

---

① 董骁,戴星翼.长三角区域环境污染根源剖析及协同治理对策[J].中国环境管理,2015,7(03):81-85.
② 王振等.长三角协同发展战略研究[M].上海:上海社会科学院出版社,2018.
③ 李培林等.建设具有全球影响力的世界级城市群[M].北京:中国社会科学出版社,2017.

湖区建设生态、创新、人文融合的中心区域。但这一区域目前还存在主要河道水质尚不稳定、湖荡富营养化问题尚未解决、系统性生态廊道和功能性生态斑块尚未建立等问题。加快提升示范区生态资源价值和生态服务水平应是近期示范区建设的重点。示范区"两区一县"现有的社会发展特征、资源分配诉求、环境管理体系、环境治理水平甚至生态资源禀赋都存在一定差异。如何协调和平衡各级行政机构,以及各地区在污染治理责任和资源开发权益之间的关系,是跨区域制度创新和政策集成的难点。

(三) 在实现"双碳"目标方面,关键部门的碳减排政策亟须协同

在发展低碳产业方面,长三角区域经济一体化格局尚未成熟,依然面临不少挑战。一方面,长三角区域层面尚未真正实现能源、产业、交通、城镇化等发展重大战略层面的紧密融合对接,高碳行业在行政区边界布局较多。[1] 然而,产业转移涉及地方政府关注的就业和税收等核心利益,由于缺乏有效的产业转移的税收共享机制,当前的长三角区域产业合作难以快速推进。在发展低碳交通方面,存在铁路对外通道布局不完善,铁路货运场站布局和产业布局不匹配,铁路和港口、公路等运输方式衔接不紧以及信息交互不畅,缺少区域层面大物流体系统筹布局的顶层设计等问题。另外,随着长三角港口群的港口经济的快速发展,船舶航运燃油污染问题突出,主要包括油品质量问题、排放标准问题、船型标准化问题。[2] 在低碳能源供给基础设施建设方面,协同建设机制缺失。长三角区域是我国能源消费重点区域。江苏省的火力发电量位居全国第一,浙江省是我国最大的核电基地,安徽省是全国重要的能源基地,上海市拥有全国最高排放标准的火力发电厂。如何通过建立支持资源型地区经济转型长效机制,加强区域能源合作,引进外来清洁电,增加核电和可再生能源并网发电能力,进一步淘汰关停环保不达标的燃煤机组,是未来需要解决的重要问题。

① 李培林等.建设具有全球影响力的世界级城市群[M].北京:中国社会科学出版社,2017.
② 周冯琦,程进.长三角环境保护协同发展评价与推进策略[J].环境保护,2016(11):53-54.

（四）在管理与决策方面，降低气候变化对人群的健康风险仍缺乏数据支撑

目前，我国已经初步建立了各种极端天气气候事件监测系统和数据库。但与大多数国家一样，我国虽然可以获得期望寿命等人群健康状况指标数据，但疾病监测数据却会因地点和疾病的不同而变化。为了监测疾病发病率，可以以较低的成本在监测点收集来自初级保健机构的数据。如果想探讨复杂生态变化过程引起的发病或者健康效应，数据将更具挑战性。在这种情况下，由于疾病诊断在时间和地理方面的差异，病例定义、发现和及时报告便成为关键问题。长三角区域未来的监测必须以解决这些局限性为目标。在某些情况下，这个问题可以通过修订现有的健康数据库并与气候记录数据相结合来实现。然而，对许多气候敏感性疾病，现有数据的覆盖面或质量问题阻碍了此方法的应用，因此长三角区域需要完善疾病监测系统，以监测疾病的气候依赖性趋势和独立性趋势。

第四章　长三角区域碳中和相关地方政策进展

党的十八大以来,长三角一体化发展取得明显成效,经济社会发展走在全国前列。为应对气候变化问题,长三角三省一市在更高起点上开展了一系列的政策行动,在有力推动长三角区域更高质量一体化发展的同时,也面临新的机遇和挑战。"十四五"时期是我国全面建成小康社会、实现第一个百年奋斗目标之后,乘势而上开启全面建设社会主义现代化国家新征程、向第二个百年奋斗目标进军的第一个5年。三省一市在各自的"十四五"规划中对碳达峰和碳中和有了进一步的政策行动。

第一节　江苏省目前应对气候变化的主要政策

一、江苏省能源开发利用现状及特征

(一) 能源消费稳步增长,总量控制初见成效

面对资源和环境约束的进一步加剧,为促进经济社会持续健康发展和生态文明建设,江苏大力开展节能降耗工作,推进能源供给侧结构性改革,

不断深化能源消费革命、不断变革能源利用方式,通过设置能源消费天花板,逐步实现了对新增能源消费量的有效控制,能源消费总量增速由高速增长逐步进入低速增长轨道。由图4-1可知,2000年以来,江苏省能源消费总量在"十五""十一五"期间呈现快速增长态势,在"十二五""十三五"期间增速逐渐放缓,"十三五"前4年能源消费总量增长了7.08%,反映了能源消费总量控制政策的有效性。2000年以来,江苏省电力消费总量在"十五""十一五"期间呈现快速增长态势,在"十二五""十三五"期间增速逐渐放缓,"十三五"前4年电力消费总量增长了22.48%,反映江苏省对电力的强劲需求依然存在。

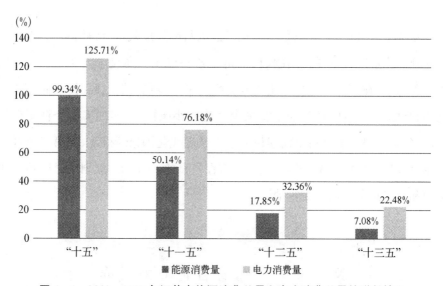

图4-1 2000—2019年江苏省能源消费总量和电力消费总量的增长情况

(二)能源消费结构优化,低碳消费占比提高

江苏产业基本特征为工业结构偏重,高耗能行业占工业主导地位;能源消费形成了以煤为主、多能互补的能源消费体系。改革开放后的40年,江苏能源消费以煤为主的能源结构逐步发生变化,低碳消费占能源消费总量的比重不断提高。通过对比图4-1中的电力消费和能源消费,可以发现江苏省电力

消费总量的增长速度在同一时期要快于能源消费总量,反映江苏省在不断推进消费端的电气化进程。

2018年,江苏煤品燃料消费量占能源消费总量的比重约60%,所占比重比1987年下降20个百分点;天然气消费量占能源消费总量的比重为10%左右,所占比重比1987年提高约10个百分点。特别是在发电供热领域天然气对煤的替代作用越来越显著。2004年,江苏开始有天然气用于发电供热,其投入量占发电供热能源投入量的比重仅为0.1%;2018年,天然气投入量占发电供热能源投入量的比重比2004年提高约10个百分点。

江苏终端能源消费向电气化、低碳化方向转型更加突出,电力已取代煤在终端能源消费中的主导地位。2018年,江苏煤终端消费量占终端能源消费总量的比重比1987年的50.8%下降约46个百分点;天然气终端消费量所占比重比1987年的0.1%提高约5个百分点;电力终端消费量所占比重比1987年的26.5%提高约25个百分点。江苏低碳消费占比的不断提高,使江苏能源消费结构更加优化。

(三) 能源生产结构不断优化,新能源生产迅猛发展

由图4-2可知,江苏化石能源生产占一次能源生产总量的比重不断下降。2018年,原煤生产量占一次能源生产总量的比重为27.5%,与1987年相比,比重下降66.6个百分点。1987—2013年,原油生产量占一次能源生产总量的比重持续提高,2014年原油生产量所占比重开始平稳下降,比重由2013年的10.6%,逐步下降到2018年的6.7%。2018年,天然气生产量占一次能源生产总量的比重为4.1%,一次电力生产量占一次能源生产总量的比重为49%,与1987年相比,天然气和一次电力生产量所占比重分别提高4.1个百分点和48.8个百分点。清洁能源生产比重提高,一次能源生产结构优化。①

① 江苏省人民政府-数据发布.江苏能源生产发展呈现新局面[R/OL].[2019.09.20].http://www.jiangsu.gov.cn/art/2019/9/20/art_34151_8716548.html.

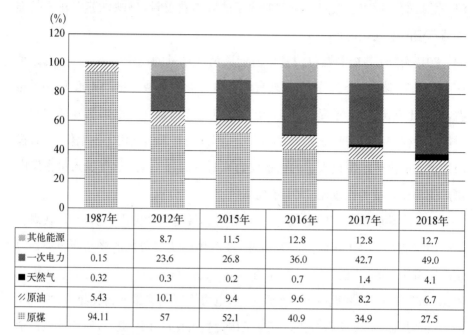

图 4 - 2 1987—2018 年江苏一次能源生产构成

资料来源：江苏省人民政府-数据发布.能源结构显著优化,节能降耗成效巨大[R/OL].[2019 - 09 - 17].http://www.jiangsu.gov.cn/art/2019/9/17/art_34151_8713627.html.

二、江苏省应对气候变化的主要行动

"十三五"期间,江苏省经济保持平稳健康运行。"两减六治三提升"专项行动持续深化,蓝天、碧水、净土保卫战强力推进,空气质量优良天数比率提升到 81%,国考断面优Ⅲ比例达 86.5%,国省考断面和主要入江支流断面全面消除劣 V 类(见表 4 - 1)。

江苏省应对气候变化工作取得积极进展,具体工作成效主要表现为 6 个方面。

表 4 - 1　　　江苏省"十三五"经济社会发展中环境指标完成情况

分类	主 要 指 标		规划目标		预计完成情况	
			2020 年	"十三五"年均增速（累计）	2020 年	"十三五"年均增速（累计）
环境美	新增建设用地规模(万亩)			〔133.9〕		〔126.6〕
	耕地保有量(万公顷)		6 853		完成国家下达目标	
	万元 GDP 用水量下降(%)			〔25〕		〔25〕
	非化石能源占一次能源消费比重(%)		10 左右		11	
	单位地区生产总值能源消耗降低(%)			〔17〕		〔20〕
	单位地区生产总值二氧化碳排放减少(%)			〔20.5〕		〔24〕
	主要污染物排放减少(%)	化学需氧量		〔13.5〕		〔14〕
		二氧化硫		〔20〕		〔28.4〕
		氨氮		〔13.4〕		〔14.6〕
		氮氧化物		〔20〕		〔25.8〕
	空气质量	空气质量达到二级标准的天数比例(%)	72		81	
		细颗粒物（PM$_{2.5}$）浓度下降(%)		〔20〕		〔30.9〕
	地表水质量	地表水国考断面优于Ⅲ类水质比例(%)	70.2		86.5	
		地表水国考断面劣Ⅴ类水质比例(%)	0		0	
	森林增长	林木覆盖率(%)	24		24	
		林木蓄积量(亿立方米)	1.0		1.0	

资料来源：《江苏省国民经济和社会发展第十四个五年规划和二〇三五年远景目标纲要》。

(一) 打造绿色低碳发展体系,完成碳强度下降年度目标

大力淘汰低端产能,推进服务业稳步发展,服务业已成为低碳经济的重要

增长极。积极发展低碳能源体系,大力推进光伏发电、风力发电、生物质发电和抽水蓄能电站发展,积极扩大天然气利用;以点带面提升绿色制造水平,行业能效水平不断提升,加快推进绿色制造;大力发展低碳产业体系,优化产业结构,狠抓工业领域控排;推进低碳农业发展,推动农药使用量零增长,化肥减量成效显著,稳步增加生态系统碳汇。加强应对气候变化领导小组成员的协调配合,增强工作合力,推动各地开展各类低碳试点示范。2019年,江苏省碳排放强度比2018年下降6.0%,超额完成年度目标任务,"十三五"前4年全省碳强度累计下降约24.5%,提前完成国家下达全省"十三五"碳强度目标;江苏省单位地区生产总值能耗下降3.2%,超额完成降低3%的约束性目标,2016—2019年累计降低18.2%,提前完成国家下达全省"十三五"目标。

(二) 大力淘汰落后产能,节能降耗成效显著

淘汰落后生产能力,使工业企业单位产品综合能耗明显下降。"十三五"时期江苏省累计依法关闭退出低端落后化工生产企业4 454家,化工园区定位由54个减少到29个,"重化围江"治理取得重大进展。2018年统计的重点耗能企业27项主要单位产品综合能耗指标中,60%的单位产品综合能耗平均指标比2012年有不同程度的下降,其中吨钢综合能耗下降13.3%、单位烧碱生产综合能耗下降21.3%、单位乙烯生产综合能耗下降6.6%、炼焦工序单位能耗下降9.8%、电厂火力发电标准煤耗下降3.8%。[①] 江苏单位GDP能耗整体呈现下降态势,节能降耗取得显著成效。"十一五"时期,江苏单位GDP能耗累计降低20.5%;"十二五"时期,节能降耗工作力度进一步加大,单位GDP能耗累计降低22.9%。"十一五"和"十二五"两个时期,江苏单位GDP能耗降低率均超额完成国家下达江苏的节能目标任务。"十三五"前3年,江苏单位GDP能耗降低率均超额完成年度节能目标任务,累计完成"十三五"目标进度的90.6%。

---

① 能源结构显著优化,节能降耗成效巨大[R/OL].江苏省人民政府-数据发布,2019 - 9 - 17. http://www.jiangsu.gov.cn/art/2019/9/17/art_34151_8713627.html.

(三) 加大新能源投资力度,推动新能源产业迅猛发展

2018 年,新能源发电装机 2 357.8 万千瓦,比 2007 年增长 29.1 倍,年均增长 36.3%。新能源发电装机占全省发电装机的比重达到 18.6%,比 2007 年提高 17.2 个百分点,已成为江苏发电装机的重要组成部分。2018 年,新能源发电量 387.3 亿千瓦时,比 2007 年增长 34.3 倍,年均增长 38.3%。2006 年年底,如东风电一期开始并网发电,填补了江苏风力发电的空白,也是国家推动风电规模化发展的第一个风电场;2007 年,如东二期风电 100 台大型风电机组全部安装成功,江苏风电量达到 2.1 亿千瓦时,风力发电步入快速发展轨道。2018 年,江苏风电累计并网装机 864.6 万千瓦,其中海上风电装机超过 200 万千瓦,占全国规模的近七成,规模遥遥领跑全国。2008—2018 年,风电装机年均增长 38.2%。2018 年,江苏风力发电 172.5 亿千瓦时,比 2007 年增长 77.6 倍,年均增长 48.7%。2006 年,中国首座 70 千瓦塔式太阳能热发电系统在江苏江宁建成并成功发电。2018 年,太阳能光伏发电累计并网装机 1 332 万千瓦,比 2011 年增长 32.6 倍,年均增长 65.2%。2018 年,太阳能光伏发电量达到 119.8 亿千瓦时,比 2011 年增长 117.3 倍,年均增长 97.8%。2018 年,江苏生物质发电累计并网装机容量 160.9 万千瓦,比 2011 年增长 1.3 倍。生物质发电量为 94.9 亿千瓦时,比 2011 年增长 1.4 倍,年均增长 8.3%。[1]

(四) 相关低碳城市积极试点创新机制

试点城市的主要低碳行动包括发展绿色建筑,推动既有建筑节能改造,推进商业和公共建筑低碳化运行管理;落实交通运输二氧化碳控排目标,推广道路运输新能源和清洁能源车辆;推进碳积分等机制创新,倡导绿色出行、低碳生活,提升废弃物资源化利用。南京市推动《南京市低碳发展促进条例》的立法工作,积极构建全民参与机制,开展"全民低碳出行"活动;徐州统筹推进"无废城市"建设试点工作,制订《徐州市生态环境局"无废城市"建设试点实施方

---

[1] 江苏能源生产发展呈现新局面[R/OL].江苏省人民政府-数据发布,2019.9.20.http://www.jiangsu.gov.cn/art/2019/9/20/art_34151_8716548.html.

案》,开展企业环保信用评价工作、探索排污许可"一证式"管理;无锡市积极开展"无锡市碳普惠机制研究",在全省率先开展了市级低碳社区试点工作,新安花苑第三社区等6家单位被明确为低碳社区试点单位,切实把低碳实践推向更广范围;苏州市成立了低碳试点城市建设工作领导小组,建立部门协同联动工作机制,持续推进应对气候变化统计报表制度,保障应对气候变化任务落到实处。镇江市成功举办第四届国际低碳(镇江)大会,制订了《2019年度镇江市低碳城市建设工作考核细则》。

(五) 完善低碳发展的政策保障,增强应对气候变化工作支撑

强化目标责任考核,将单位地区生产总值二氧化碳降低指标纳入《江苏省绿色发展指标体系》《江苏省生态文明建设考核目标体系》;江苏省应对气候变化及节能减排工作领导小组印发《江苏省"十三五"设区市人民政府控制温室气体排放目标责任考核办法(试行)》;江苏省生态环境厅等7部门印发《江苏省绿色债券贴息政策实施细则(试行)》《江苏省绿色产业企业发行上市奖励政策实施细则(试行)》《江苏省环境污染责任保险保费补贴政策实施细则(试行)》《江苏省绿色担保奖补政策实施细则(试行)》,率先出台一揽子财政支持绿色金融发展政策。推进碳市场建设工作,完成528家2016—2018年度重点排放单位碳排放报告核查任务;"以节约资源、节约能源、应对气候变化"为导向和立项原则,持续强化应对气候变化领域重大关键技术攻关;围绕应对气候变化的前沿领域和重大问题,组织开展碳排放降低和大气环境治理协同作用、统筹控制温室气体排放和能源消费等方面课题研究,开展"十四五"应对气候变化目标和任务的研究,推动江苏省绿色低碳高质量发展。

(六) 加强国际合作和宣传

开展"全国低碳日"活动,江苏省政府在"全国低碳日"召开新闻发布会,各设区市积极举办低碳主题峰会,推介节能新技术、新产品;中德合作江苏低碳发展项目(三期)获生态环境部和德国环保部门批准,并列入《江苏省重点国别计划实施方案(2019—2021)》,为低碳工业园区和低碳城市引入整体规划提供长久有效的支持发展机制,重点支持江苏省开展碳排放达峰、协同大气环境治理等方面工作。

第二节 上海市目前应对气候变化的主要政策

一、上海市能源开发利用现状及特征

上海市能源消费量仍处于上涨趋势,但"十三五"期间涨幅趋小。具体来说,"八五"到"十一五"期间,上海市能源消费量总体呈现快速增长。其中,"十五"期间增幅达到了42.8%。上海市在"十二五"以来能源消费量增速呈现了明显放缓态势,"十二五"期间能源消费增速为6.7%,"十三五"期间能源消费增速为7.0%。上海市电气化进程在不断推进。电力消费方面,上海市在"八五"到"十一五"期间,上海市电力消费量总体呈现快速增长,而且电力消费增幅高于能源消费量增幅。其中,"十五"期间,上海市电力消费增幅达到了64.8%。"十二五"以来,上海市电力消费增幅呈现明显放缓态势,但仍比能源消费量增幅大。其中,"十二五""十三五"分别增加8.5%和11.6%。工业部门作为能源消费大户,对电力和能源的需求在经历了快速增长之后,也开始呈现回落态势。具体而言,在"八五"到"十一五"期间,上海市工业部门的能源消费量和电力消费量总体呈现较快增长态势,在"八五"期间,电力消费增幅达到了39.7%。而"十一五"以来,上海市的工业部门能源消费总量开始呈现下降态势,"十一五"期间降幅为2.5%、"十二五"期间降幅为5.2%。上海市的工业部门电力消费总量在"十一五"期间略增0.1%,在"十二五"期间下降了4.9%(见图4-3)。

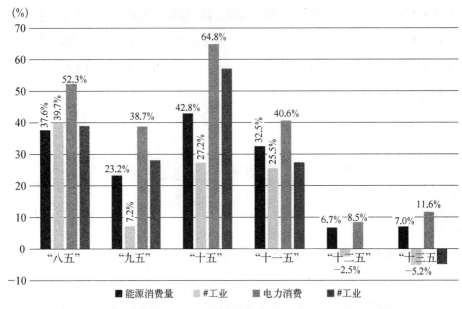

图4-3 1990—2019年上海市能源消费量及电力消费量变化情况

上海市在1990—2019年,能源消费效率有了明显改善。其中,在"八五"到"十三五"期间,上海市的单位生产总值能耗分别下降了56.96%、35.40%、24.05%、21.35%、31.71%、27.21%。单位生产总值电耗的降幅要略低于单位生产总值的能耗,在"八五"到"十三五"期间,分别下降了52.36%、27.33%、14.97%、17.43%、30.58%、21.02%。工业增加值能耗的降幅在"八五"到"十三五"期间总体要高于工业增加值电耗的降幅,其中在"八五"到"十五"期间,工业增加值能耗降幅超过了30%,而"十二五"到"十三五"期间,工业增加值能耗降幅分别为20.33%和16.55%(见图4-4)。

可以看出,上海市已经提前完成"十三五"能源总量和强度控制目标。其中,上海市在2019年的能源消费总量已经达到1.169 6亿吨标准煤,已经提前完成《上海市节能和应对气候变化"十三五"规划》中提出的2020年能源消费总量控制在1.235 7亿吨标准煤以内的目标。而2019年单位生产总值能耗已经达到0.337吨标准煤/万元,单位生产总值能耗下降幅度为27.21%,已经超过《上海市节能和应对气候变化"十三五"规划》17%的目标(见表4-2)。

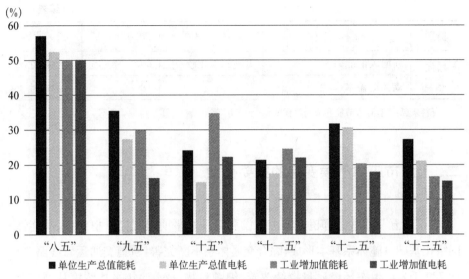

图 4-4　上海市 1990—2019 年上海市单位生产总值能耗、单位生产
总值电耗、工业增加值能耗、工业增加值电耗下降幅度

表 4-2　　　　"十三五"上海市节能低碳和应对气候变化主要目标

类别	指标名称	单位	2020 年目标	指标性质
总体 指标	全市能源消费总量净增量	万吨标准煤	970 以内	约束性
	全市二氧化碳排放总量	万吨二氧化碳	25 000 以内	约束性
	单位生产总值能源消耗降 低率	%	17	约束性
	单位生产总值二氧化碳排 放量降低率	%	20.5	约束性
能源 低碳化	光伏装机容量	万千瓦	80	预期性
	风电装机容量	万千瓦	140	预期性
	2020 年非化石能源占一次 能源消费比重	%	14	预期性
	2020 年本地非化石能源占 一次能源消费比重	%	1.5	预期性
	2020 年天然气占一次能源 消费比重	%	12	预期性

（续表）

类别	指标名称	单 位	2020年目标	指标性质
增强碳汇	新增碳汇能力	万吨二氧化碳/年	60	预期性
	森林覆盖率	％	18	约束性

资料来源：《上海市节能和应对气候变化"十三五"规划》。

二、上海市应对气候变化的主要行动

"十三五"期间，上海超大城市建设和管理水平明显提高。枢纽型、功能性、网络化基础设施体系基本形成，综合交通体系不断完善，轨道交通运营线路总长达 729 千米。生态环境质量持续改善，细颗粒物（$PM_{2.5}$）年平均浓度从 2015 年 53 微克/立方米下降至 32 微克/立方米，劣 V 类水体基本消除，人均公园绿地面积提高到 8.5 平方米。黄浦江 45 千米公共空间岸线贯通开放，苏州河中心城区 42 千米岸线实现基本贯通。垃圾分类引领绿色生活新时尚，全程分类收运体系基本形成。上海市目前应对气候变化的工作可以概括为以下 5 个方面。

（一）控制温室气体排放，深入推进污染防治

加快实施中小燃油燃气锅炉提标改造，推进重点行业挥发性有机物治理，加强移动源污染防治，提前实施新车国 VI 排放标准，划定高排放非道路移动机械禁止使用区并组织实施，内河船舶和江海直达船使用符合国家和本市标准要求的油品。落实上海市养殖业布局规划，推进畜禽养殖粪尿资源化利用，推进农业清洁生产，实施化肥农药减量，推进废弃农膜和农药包装废弃物回收，加强秸秆焚烧治理与综合利用。持续推进钢铁行业超低排放改造。推进宝钢股份严格落实钢铁行业超低排放改造工作方案，累计完成 90％的钢铁超低排放改造任务目标，力争提前全面完成。分阶段启动监测评估工作。开展重点行业储罐油气回收专项整治。按照国家统一部署全面开展本市重点行业储罐排摸，鼓励各区制订计划开展储罐油气回收专项整治。持续加大重点企

业大气污染治理力度。督促本市重点企业继续加大大气污染治理力度,按照"一厂一策、分步实施"原则,制订并实施年度治理计划。

(二) 加强清洁高效能源利用,打造与超大城市相适应的安全、清洁、可持续的现代能源体系

聚焦煤炭消费总量控制,大力实施重点领域"减煤"专项行动。煤炭消费总量从 2015 年的 4 728.13 万吨下降至 2019 年的 4 238.28 万吨。通过削减钢铁行业用煤、严格控制石化行业用煤、合理控制公用电厂用煤,推动工业领域"减煤"。优先对接市外清洁能源,进一步提高外来电消纳。2015 年外来电调入 647.30 亿千瓦时,占全部用电量的 46.05%;2019 年外来电调入量为 869.61 亿千瓦时,占全部用电量的 55.44%。扩大清洁能源利用规模,煤炭占能源消费总量的比重从 2015 年的 33.63% 下降到了 2018 年的 28.62%,天然气占能源消费总量的比重从 2015 年的 8.93% 提升到 2018 年的 10.41%。通过燃气调峰电源建设替代煤电,提高电网的灵活性。

(三) 大力优化交通能源结构

加大新能源车推广力度,2019 年推广新能源汽车 5 万辆,更新公交车中全部使用新能源车辆,投放新能源公交车 1 200 辆。完善充电设施建设布局,完成 4 000 个公共充电桩建设。大力推广纯电动出租车和公交车,2020 年内新增出租车中纯电动出租车占比不低于 80%、更新或新增公交车全部为新能源车。推进港内作业车辆采用纯电动或清洁能源车,鼓励船舶使用 LNG 试点应用,推进内河货运船舶 LNG 动力试点示范;修订《上海港靠泊国际航行船舶岸基供电试点工作方案》,推进岸电补贴政策落地实施,提升本市船舶靠泊期间岸基供电使用频率。支持交通枢纽、邮政分拨中心、场站、停车场等交通设施采用光伏发电技术。贯彻落实国家移动源相关标准。按照国家统一要求,实施重型柴油车国 6a 排放标准。贯彻落实加油站等三项标准在地方落实。持续开展国三柴油车淘汰补贴。完成国三柴油车提前淘汰补贴审核。继续做好

移动源大气污染相关监测和检查工作。按照国家和本市相关要求,制订全年监督检查计划,开展新车和非道路移动机械环保一致性检查,在用柴油车路检执法、入户监督抽测及其使用的燃油和车用尿素抽检,加油站油气回收监督检查。开展机动车排放检验机构和在用非道路移动机械属地化管理。移动源地方立法研究工作取得实质性进展。明确各部门对于移动源的职责分工,建立和完善移动源监管体系和制度设计,完成立法调研任务,形成立法草案送审稿。加强移动源能力建设,逐步推进移动源信息平台建设,加强管理应用。积极推进机动车智慧监管平台的建设,完成智慧监管平台一期建设,切实提升移动源信息化监管水平。继续推进重型柴油车远程在线监控安装与联网,加强数据应用分析,提升精细化管理水平。完成2套固定式遥感系统建设并联网。推进非道路移动机械远程在线监控工作,基本完成本市非道路移动机械GPS的安装。持续跟踪2 000吨以上加油站在线安装与联网。研究加油站在线监管体系,依托在线数据开展巡查抽查。推进油库在线监控的安装,完成4家油库在线监控系统安装联网。积极开展移动源相关政策研究,研究新车环保一致性检查工作指南,开展非道路移动机械提前实施国四标准的可行性研究和淘汰补贴政策研究,开展非道路移动机械执法指南研究和尾气治理技术规范研究,研究路检超标车辆强制维修纳入I/M制度。

(四) 强化污染减排目标管理责任制

贯彻落实《上海市污染防治攻坚战实施意见》并加快实施11个专项行动,持续推进第七轮环保三年行动计划以及气、水、土三大专项治理计划中的各项任务,继续深化长三角区域协作机制。严格实施"批项目、核总量"制度,坚持"清洁发电,绿色调度",持续推进固定污染源排污许可证核发及管理,继续强化对重点减排单位的监督管理,完成主要污染物年度减排目标。

(五) 加快推进"碳达峰""碳中和"试点示范

自从2011年上海在虹桥商务区等地设立首批8个低碳发展实践区以来,

上海市又于 2017 年在世博园区等 5 个区域开展第二批低碳发展实践区试点。在"十四五"时期,上海将完善本市低碳示范区创建体制机制,持续推进第二批低碳发展实践区创建工作,启动第三批低碳社区创建工作,鼓励有条件的区积极建立近零碳示范(项目或园区)。2021 年,上海市生态环境局与崇明区人民政府签署了共建世界级生态岛碳中和示范区合作框架协议,按照协议,崇明区将努力打造具有世界影响力的生态优先、绿色发展的碳中和示范区;双方将合作调查分析崇明世界级生态岛碳排放特征,研究制订符合世界级生态岛定位的碳中和示范区行动方案;探索契合崇明实际的可复制、可推广的碳中和示范项目,谋划切实可行的碳中和示范区技术路线图和实施路径;搭建科技创新和产业研发平台,共同打造崇明绿色低碳技术开发应用和产业高地;加强沟通协作,推进崇明区碳中和示范区建设,成为碳中和的引领者。崇明区将在碳达峰碳中和方面积极发挥优势,主动担当重责,大力推进绿色环境、绿色能源、绿色交通、绿色生产、绿色生活建设,结合崇明、长兴和横沙三岛实际,分类开展碳达峰碳中和行动,加快推进碳减排,着力增加碳汇能力,以高能级生态环境引领高质量发展、创造高品质生活。

(六) 扎实推进碳交易市场试点,配合推进全国碳市场建设

上海环境能源交易所 2013 年起试点碳交易,并开展了包括碳资产质押融资、碳基金、借碳、碳排放配额远期等碳金融创新。上海市通过将 314 家纳入 2020 年度碳排放配额管理企业的管理工作,加强各区生态环境局辖区内相关企业的监督管理,督促企业完成温室气体排放报告和碳排放监测计划报告,配合做好核查并督促企业履约。制订 2021 年度纳入碳排放配额管理企业清单和配额分配方案。上海的上市公司在 ESG(环境、社会责任、公司治理)信用状况和信息披露方面也逐年稳步上升,上海市政府在环境保护和可持续发展方面颁布了多项法律规范和实施方案,完整度较高、可执行度较好,特别是地方污染物排放标准细致、全面,走在全国前列。上海还应进一步探索新型的金融科技在气候投融资当中的作用,比如应用大数据、人工智能等金融科技对碳减

排资产定价、资产估值,通过应用区块链技术来记录碳足迹,为碳减排和碳中和交易发挥更大、更丰富的作用。"十四五"时期,上海将积极开展气候投融资试点。绿色金融建设和气候投融资试点,毫无疑问将成为上海区域提升竞争力的强有力抓手之一,建设好绿色金融建设和气候投融资试点,不仅将在上海区域经济中发挥重要作用,而且将有利于上海国际绿色金融中心的建设。

第三节 浙江省目前应对气候变化的主要政策

一、浙江能源开发利用现状及特征

浙江省的能源生产总量在 1990—2019 年总体呈现增长态势,增长率波动幅度大,不稳定。其中,在"九五"期间能源生产量下跌了 4.66%,而"十五"期间能源生产量增加了 189.82%。"十二五"和"十三五"期间浙江省能源生产量增加了 43.19%和 37.64%。在电力生产方面,浙江省在"八五"到"十一五"期间保持了高速增长态势,其中"十五"期间电力生产增加了 109.08%。

浙江省能源消费量仍处于上涨趋势,但"十三五"期间涨幅偏小。具体而言,"八五"到"十一五"期间,浙江能源消费量总体呈现快速增长。其中,"十五"期间增幅达到了 83.40%。浙江省在"十二五"以来能源消费量增速呈现了明显放缓态势,"十二五"期间能源消费增速为 16.27%,"十三五"期间能源消费增速为 14.19%。

浙江省电气化进程在不断推进。电力消费方面,浙江省在"八五"到"十一五"期间,电力消费量总体呈现快速增长,而且电力消费增幅高于能源消费量增幅。其中,"十五"期间,浙江省电力消费增幅达到了 121.07%。"十二五"以来,浙江省电力消费增幅呈现明显放缓态势,但仍比能源消费量增幅大。其中,"十二五""十三五"分别增加 25.99%和 32.42%(见图 4-5)。

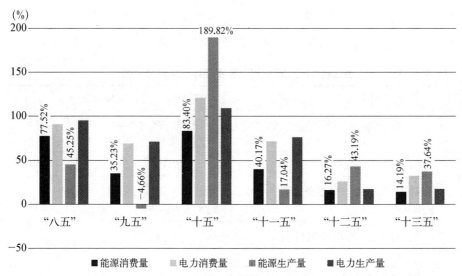

图 4-5　1990—2019 年浙江省能源生产及消费量和电力生产及消费量的变化情况

二、浙江省应对气候变化的主要行动

　　"十三五"时期是浙江发展极不平凡和取得巨大成就的 5 年。经济发展质量有新提升,地区生产总值跃上 6 万亿元台阶,人均生产总值超过 10 万元,达到高收入经济体水平,人民生活品质有新改善,城乡居民收入稳居全国前列。绿水青山的人居环境成为浙江靓丽的金名片。2019 年年末,累计建成国家"绿水青山就是金山银山"实践创新基地 7 个、国家生态文明建设示范市 1 个、国家生态文明建设示范县(市、区)18 个,数量居全国前列。浙江已通过生态环境部组织的国家生态省建设试点验收,从 2003 年创建到 2019 年验收通过,16 年一以贯之,建成全国首个生态省。2019 年,森林覆盖率为 61.15%(含灌木林),仅次于福建、江西和广西居全国第 4;单位耕地面积化肥使用量降至 365 千克/公顷;221 个省控断面Ⅲ类以上水质比例从 2011 年(同比口径)的 62.9% 升至91.4%,连续 3 年无劣Ⅴ类水质断面;11 个设区城市环境空气 $PM_{2.5}$ 平均浓度由 2015 年的 53 微克/立方米降至 31 微克/立方米,好于国家制定的 35 微克/立方米的标准,好于全国监测的 337 个地级及以上城市平均浓度(40 微克/立方米),空气质量(AQI)优良天数比例由 2015 年的 78.2% 升至 88.6%(见表 4-3)。

表 4-3 浙江省"十三五"规划主要资源环境指标完成情况

类别	指 标		规划目标			完成情况		属性
			2015年	2020年	年均/累计	2020年	年均/累计	
资源环境	单位生产总值能耗降低(%)		—	—	〔17〕	—	〔17〕	约束性
	非化石能源占一次能源消费比重(%)		16	20左右	〔4〕	20	〔4〕	约束性
	单位生产总值用水量降低(%)		—	—	〔23〕	—	〔37.1〕	约束性
	耕地保有量(万亩)		3 093	2 818	—	—	—	约束性
	万元生产总值耗地量(平方米)		29.92	23.34	—	—	—	约束性
	单位生产总值二氧化碳排放降低(%)		—	—	〔20.5〕	—	〔20.5〕	约束性
	主要污染物排放总量减少(%)	化学需氧量	—	—	〔19.2〕	—	〔22.1〕	约束性
		氨氮	—	—	〔17.6〕	—	〔19.9〕	
		二氧化硫	—	—	〔17〕	—	〔28.0〕	
		氮氧化物	—	—	〔17〕	—	〔20.2〕	
	空气质量	地级及以上城市细颗粒物($PM_{2.5}$)浓度下降(%)	—	—	〔20〕	—	〔43.2〕	约束性
		地级及以上城市空气质量优良天数比率(%)	83.8	85.6	〔1.8〕	93.3	〔9.5〕	约束性
	地表水达到或好于Ⅲ类水质比例(%)		72.9	80	〔7.1〕	94.6	〔21.7〕	约束性
	森林增长	森林覆盖率(%)	60.9	61	〔0.1〕	61.2	〔0.3〕	约束性
		林木蓄积量(万立方米)	33 000	40 000	〔7 000〕	41 500	〔8 500〕	约束性

注:〔 〕为 5 年累计数。
资料来源:《浙江省"十四五"规划纲要》。

2021 年 2 月,浙江省发布《浙江省国民经济和社会发展第十四个五年规划和二〇三五年远景目标纲要》(简称《浙江省"十四五"规划纲要》),显示:"十三五"时期美丽浙江建设有新面貌,建成全国首个生态省。浙江省通过大力推进治水、治气、治土、治废,超额完成主要污染物排放总量减少目标,空气质量大幅改善,地表水水质目标超额完成,森林增长目标完成,山更绿、地更净、水更清、天更蓝、城乡更美,"千万工程"获联合国地球卫士奖。在应对气候变化方面,浙江省顺利完成国家下达全省碳减排任务目标。"十三五"单位生产总值二氧化碳排放降低 20.5%,非化石能源占一次能源消费比重增加 4 个百分点,单位生产总值能耗降低 17%,实现"十三五"控制温室气体目标。浙江省应对气候变化的主要行动有以下 7 个方面。

(一) 将能源"双控"目标纳入发展总体规划,强化"双控"倒逼经济绿色低碳转型

浙江省 2016 年 10 月发布《浙江省节能"十三五"规划》,明确了浙江省的能源"双控"具体目标,其中"十三五"期间,全省单位 GDP 能耗下降 17%,能源消费总量年均增幅不高于 2.3%,累计节能 3 200 万吨标煤以上,力争到 2020年,能源消费总量控制在 2.2 亿吨标煤以内,煤炭消费总量低于 2012 年水平。能源"双控"机制为浙江省推动能源生产布局优化、发展可再生能源提供了动力。由图 4-5 可知,浙江省的能源消费总量在"八五"到"十一五"期间呈现了快速增长态势,而同期的电力消费总量增幅更高,到了"十二五"和"十三五"时期,浙江能源消费总量和电力消费总量增幅开始大幅降低。

(二) 壮大绿色低碳产业,打造高质量发展新动能

"十三五"时期,浙江省通过开展绿色制造、绿色工厂、绿色园区、城市矿产示范试点,不断优化产业结构,不断完善产业布局。自 2015 年国家发改委提出要开展"城市矿产"示范基地和园区循环化改造示范试点的中期评估及终期验收以来,浙江省目前已经有 4 个园区成功通过国家园区循环化改造示范试点终期验收,3个基地成功通过国家"城市矿产"示范基地终期验收。台州化学原料药产业园区获得2017年国家园区循环化改造示范试点终期验收,浙江桐庐大地循环经济产业园获得2017年国家"城市矿产"示范基地终期验收,宁波金田产业园获得2017年"城市矿产"示范基地终期验收,宁波经济技术开发区获2018年园区循环化改造示范试点中期评估及终期验收,衢州高新技术产业园区通过2019年园区循环化改造示范试点中期评估及终期验收,台州金属资源再生产业基地通过2019年国家"城市矿产"示范基地中期评估及终期验收,宁波石化经济技术开发区通过2020年园区循环化改造示范试点中期评估及终期验收。《2019年度浙江省低碳发展报告》显示,2019年,以新产业、新业态、新模式为主要特征的"三新"经济增加值占浙江省GDP的25.7%,与绿色制造、现代服务业一同为浙江绿色低碳发展注入新动能。2019年,以低碳排放为特征的服务业对浙江省GDP增长的贡献率达58.9%,已成为支撑低碳经济发展的重要增长极。

(三) 应对气候风险挑战,探索实现共赢

为应对气候变化的不利影响,浙江在基础设施、农业、水资源、森林生态、海洋海岸带、应急管理等领域展开行动,坚持以综合减灾示范社区创建为抓手,完善多部门联动参与机制。截至目前,共创建全国综合减灾示范社区1021个、省级综合减灾示范社区1210个。开展气候适应型城市建设试点,实行最严格水资源管理制度,推进"全国深化林业综合改革试验示范区"建设,开展海域、海岛、海岸带、滨海湿地生态修复示范工程。浙江不断完善气候变化工作体制,探索实现经济发展和应对气候变化的共赢。浙江丽水莲都区雨伞岗村"通过采用气雾栽培技术和垂直耕作模式",农场里的菜苗只需要依靠大棚管道里喷出的气雾营养液,就能快速成长。这一逆境农业业态模式可以适应天气恶劣、生态退化等不利条件,无差别实现农作物产高质优,并大幅减少农业面源污染和土地占用,对适应气候变化自主创新实践具有积极示范意义。

(四) 凝聚社会各界力量,打造浙江"碳达峰""碳中和"示范方案

一是充分发挥核电零碳能源优势,推动"零碳未来城"建设。浙江省秦山核电站位于嘉兴市海盐县,是目前全国核电机组数量最多、堆型品种最丰富、装机容量最大的核电基地,年发电量约 500 亿千瓦时。2020 年,海盐县提出要与秦山核电站合作,打造"零碳未来城",目标是打造国内首个、国际领先的零碳高质量发展示范区。海盐县与中核集团发挥企地融合精神,为嘉兴市、海盐县高质量融入长三角一体化发展战略提供了重要抓手,为浙江省率先实现碳达峰、建设"重要窗口"作出积极贡献,也为实现中核集团新时代"三位一体"奋斗目标贡献秦山力量。二是丽水充分发挥零碳电力优势,打造零碳发电、零碳用电的净零碳城市。丽水市全域星罗棋布的近千座风、光、水等可再生能源小型电站,通过构建生态微电网,丽水将建成县域级、10 万千瓦级的"虚拟电厂",实现县域清洁能源全供应。丽水市将在 2021—2025 年通过促进风、光、水等可再生清洁电能的生产消纳,努力实现丽水电网 100％可再生能源零碳供电,打造涵盖能源利用、产业营运、城市运行、林地吸收等全领域、全口径意义上的"碳中和""净零碳"城市。三是安吉余村打造省级近零碳排放社区试点。作为"两山"理论实践试点县,安吉依托丰富的林业资源,以智慧农业、家庭农场、休闲观光为重点,不断拓展"两山"转化通道,目前已经成为集生态旅游区、美丽宜居区和田园观光区的国家 4A 级景区。安吉余村着力打造乡村低碳产业体系,在全国率先开展竹林碳汇工作,成为全球首个"竹林碳汇试验示范区",形成了兼具休闲度假、运动探险、健康养生、文化创意等综合业态。2019 年,湖州安吉余村直接碳排放强度仅为 0.04 吨/万元,趋近于零。

(五) 浙江省加快探索现代化生态经济体系

浙江省丽水市被誉为"中国生态第一市",丽水生态环境质量连续 17 年领跑浙江省。丽水市作为浙江省现代化生态经济体系建设的模范生,不仅在全国率先实施生态文明建设纲要,还率先制定领导干部生态环境损害责任追究细则、领导干部自然资源资产离任审计办法,形成"审山审水审空气"的环境监管模式。

丽水发布全国首个空气质量健康指数地方指数,为保障居民健康福祉提供数据支撑。丽水市还高标准创建百山祖国家公园,探索国家公园体制的"丽水模式",使丽水真正成为长三角的生态"绿心"。丽水2019年确立为全国首个生态产品价值实现机制试点,发布全国首份《生态产品价值核算指南》地方标准,使绿水青山的价值可以量化。丽水市还在所有乡镇成立了"两山"公司,为生态环境的保护和开发提供了供给主体和市场化交易主体。丽水市还创新绿色融资机制,推出"生态贷""GEP贷"实现GEP可质押、可变现、可融资,服务于生态产品价值实现。

(六) 浙江省逐渐完善绿色发展财政奖补机制,引导激励各地加强生态保护和环境治理

浙江省在2020年5月推出新一轮的绿色财政奖补机制,主要包括提高主要污染物排放财政收费标准、完善单位生产总值能耗财政奖惩制度、完善出境水水质财政奖惩制度、完善森林质量财政奖惩制度、建立空气质量财政奖惩制度、提高生态公益林分类补偿标准、开展湿地生态补偿试点、试行与生态产品质量和价值相挂钩的财政奖补机制、完善生态环保财力转移支付制度、调整"两山"建设财政专项激励政策、继续实施省内流域上下游横向生态保护补偿机制等。绿色财政奖补机制涉及节能降耗、污染治理、生态保护等多个领域,为浙江省的生态文明制度建设提供了财力支撑。

(七) 构建绿色低碳的现代能源体系,建设国家清洁能源示范省

浙江省作为全国首个提出创建国家清洁能源示范省的省份,自2014年以来,推出了两轮国家清洁能源示范省行动方案,取得了明显成效。"十三五"期间,浙江省能源、能效稳步提升。2019年,全省煤炭、石油及制品、天然气、非化石能源、外来火电及其他占全省一次能源消费总量比重分别为45.3%、16.8%、8.0%、19.8%、10.1%。浙江省在"十三五"期间加大了清洁能源装机容量,2019年年底,浙江省清洁能源发电装机5 029万千瓦,装机占比51.4%,其中光伏装机1 339万千瓦,较2015年新增1 175万千瓦,装机增长7.2倍。

浙江省高度重视能源市场机制改革。浙江省是全国首批启动电力现货市场交易的试点省份,全国首批用能权有偿使用和交易试点省。在能源智慧化方面,嘉兴市城市能源互联网纳入国家能源互联网示范项目并通过验收。

第四节　安徽省目前应对气候变化的主要政策

一、安徽省能源生产和消费总体情况

安徽省的能源生产总量在"十五"和"十一五"期间处于快速增长态势,至"十三五"时期,能源生产总量开始下降。其中"十五"期间,安徽省能源生产总量增长了80.88%,"十一五"期间,安徽省能源生产总量增长了55.64%。安徽省的能源生产总量在"十三五"时期下降了8.02%。从电力生产来看,安徽省在"十五"时期电力生产增速小于能源生产增速,"十一五"时期,电力生产增速快速增加,到"十二五"时期增速回落至23.54%,到"十三五"时期增速进一步回落至9.40%(见图4-6)。

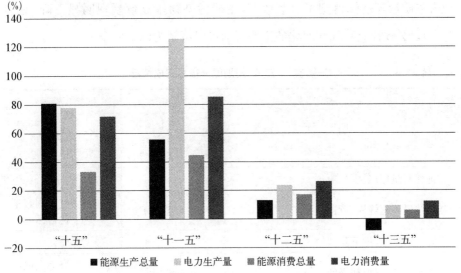

图4-6　2000—2019年安徽省能源及电力供需变化情况

总体而言,安徽省能源消费总量呈现增长态势,但增长速度在"十二五"以来下降明显。具体而言,"十五"期间安徽省能源消费总量增长了33.35%,"十一五"时期能源消费总量增长了44.70%,到"十二五"时期,能源消费总量增速为17.01%,"十三五"时期能源消费总量增速为6.19%。"十三五"时期,安徽省能源实施能源总量和强度"双控",极大地扭转了安徽省能源快速增长的势头。从电力消费来看,安徽省的电力消费自"十五"开始就一直呈现增长态势,到"十三五"时期,电力消费增速相对放缓,下降至12.27%。电力消费的总量及增速的变化反映了安徽省电气化在不断地推进。

二、安徽省应对气候变化的主要行动

"十三五"时期,安徽省绿色发展实现历史性进步,污染防治攻坚战阶段性目标顺利实现,美丽长江(安徽)经济带、淮河(安徽)生态经济带、环巢湖生态示范区、新安江—千岛湖生态补偿试验区、全国林长制改革示范区、合肥骆岗生态公园建设全面推进。资源利用率得到显著提升,森林覆盖率、空气质量、地表水质量等指标得到了显著改善,主要污染物排放量呈现明显下降(见表4-4)。安徽省应对气候变化的主要行动可以概括为以下6个方面。

表4-4 安徽省"十三五"规划部分指标完成情况

指　　标	规划目标		实现情况	
	2020年	"十三五"年均增速累计(%)	2020年	"十三五"年均增速累计(%)
耕地保有量(万公顷)	582.4	—	*588.5	—
新增建设用地规模(万亩)	—	国家下达	—	完成国家下达目标
万元GDP用水量下降(%)	—	〔28〕	—	〔35.2〕
单位GDP能源消耗降低(%)	—	〔16〕	—	努力完成国家下达目标

（续表）

指　　　标		规划目标		实现情况	
		2020年	"十三五"年均增速累计(%)	2020年	"十三五"年均增速累计(%)
非化石能源占一次能源消费比重(%)		5.5	—	>9	—
单位GDP二氧化碳排放降低(%)		—	〔18〕	—	完成
森林发展	森林覆盖率(%)	>30	—	30.22	—
	森林蓄积量(亿立方米)	2.7	—	2.7	—
空气质量	地级城市空气质量优良天数比例(%)	国家下达	—	82.9	—
	细颗粒物(PM$_{2.5}$)未达标地级城市浓度下降(%)	—	〔18〕	—	完成
地表水质量	达到或好于Ⅲ类水体比例(%)	74.5	—	87.7	—
	劣Ⅴ类水体比例(%)	0.9	—	完成	—
主要污染物排放总量减少(%)	化学需氧量	—	〔9.9〕	—	完成
	氨氮	—	〔14.3〕	—	完成
	二氧化硫	—	〔16〕	—	完成
	氮氧化物	—	〔16〕	—	完成

注1：标 * 的数据为2019年数据；2.〔〕为5年累计变化数。
资料来源：《安徽省国民经济和社会发展第十四个五年规划和2035年远景目标纲要》。

（一）开展污染防治行动

认真落实"五控"措施，组织实施《打赢蓝天保卫战三年行动计划》。强化交通运输节能减排行动，持续开展柴油货车污染防治攻坚行动，积极推动铁路专用线建设，提高铁路货运比例，提前实施机动车国六排放标准。深入开展VOCs综合治理，协同控制PM$_{2.5}$和O$_3$。强化新生产车辆达标排放监管，加速老旧车辆淘汰，加大对超标机动车和非道路移动机械的执法监管力度。继续推动钢铁行业超低排放改造、锅炉与炉窑综合治理，推进重点行业深度治理。建立健全空气质量生态补偿制度，2019年产生大气生态补偿金2 558万元。强化秸秆禁烧管控，对安徽省各市秸秆焚烧火点进行卫星监测和省级巡查。

深化重污染天气重点行业绩效分级、差异化管控措施,以秋冬季攻坚措施和重污染天气应急响应落实为重点,细化应急减排措施,开展大气污染防治强化监督帮扶,累计检查污染源点位 5 910 个,交办突出环境问题 11 批 578 个,曝光典型环境问题 9 批 56 个,有力推动了大气环境质量持续改善。

(二) 强化低碳试点示范政策落实,积极谋划推动碳达峰行动

安徽省共有 6 市列入国家低碳城市试点,其中,池州市纳入第二批国家低碳城市试点,合肥、淮北、黄山、六安、宣城 5 市纳入第三批国家低碳城市试点。池州市已于 2013 年通过国家发改委评估验收。截至目前,合肥、六安 2 市编制了低碳发展规划,淮北、黄山、宣城 3 市出台了低碳城市试点实施方案。根据安徽省发布的《2021 年全省生态环境工作要点》,安徽将制订并发布全省碳排放达峰行动方案,明确提前达峰地区、行业名单及时限。编制省级温室气体排放清单,启动市级清单编制工作。加强应对与适应气候变化能力建设,继续开展低碳城市试点和气候适应型城市试点。在省直机关开展碳中和试点。编制火电、水泥行业等碳排放绩效评价标准。根据国家统一部署,启动火电行业碳排放交易市场第一轮履约周期相关工作。拓宽重点排放企业温室气体排放报告与核查的范围。推进林业碳汇核算和交易试点。强化政策宣传和业务培训,支持服务企业绿色低碳发展。

(三) 完善创新驱动发展机制,打造绿色经济体系

安徽省通过构建市场导向的绿色技术创新体系,采用节能低碳环保技术改造传统产业,着力构建以产业生态化和生态产业化为主体的生态经济体系,培育壮大节能环保、循环经济、清洁生产、清洁能源等绿色新产业新业态。建好以安徽创新馆为龙头的科技大市场,着力体现"展示窗口、实用平台、先行示范"三大功能定位,通过科技创新,带动经济社会发展的绿色新业态。"十三五"以来,安徽省围绕制造强省战略,大力实施绿色制造工程,通过示范引领、存量改造、增量优化、强化监管等一系列举措,不断拓宽工业绿色转型之路,超额完成"十三五"

节能目标。合肥市通过超前布局,精心呵护未来产业发展;通过建设合肥综合性国家科学中心等重大平台,坚持做好"强链补链延链",在战略性新兴产业领域实现"弯道超越",打造出千亿级别的国家级新型平板显示和集成电路等产业集群,"中国声谷"获批成为首个国家级智能语音产业集聚区。安徽省绿色制造体系初步建成,2016 年以来,已累计创建国家级绿色工厂 107 家,数量居全国第 7 位;绿色设计产品达 305 种,数量居全国第 2 位;绿色园区达 11 个,数量居全国第 2 位;绿色供应链管理示范企业达 11 家,数量居全国第 9 位。

(四) 借助长三角区域一体化发展国家战略,推动区域绿色转型

建设皖北承接产业转移集聚区,是协同推进后发地区加快发展的有益探索。皖北承接产业转移集聚区打造"6+2+N"产业承接平台、构建"两群""两区""多点"空间承接格局。长三角高质量承接产业转移优选地、中西部地区产业集聚发展样板区、淮河生态经济带产城融合发展先导区、重要的能源和绿色农产品生产加工供应及先进制造业基地,着力培育承接产业转移的新高地和区域经济高质量发展的增长极。"一地六县"长三角生态优先绿色发展产业集中合作区包括上海光明集团绿色发展基地(上海白茅岭农场有限公司,包括白茅岭农场、军天湖农场)、江苏省溧阳和宜兴市、浙江省长兴和安吉县、安徽省郎溪县和广德市。"一地六县"合作区将先行启动一批交通、环保和重大产业等项目建设,印发实施省际毗邻地区新型功能区、省际产业合作园区政策措施和工作方案,推动 16 个省辖市和各市城区与沪苏浙相关市、城区结对共建,努力形成一批合作事项。

(五) 加强自然生态保护修复,完善生态补偿机制试点

积极推进生态文明建设示范创建,宣州区、当涂县、潜山市被命名为第三批国家生态文明建设示范县,岳西县被命名为"绿水青山就是金山银山"实践创新基地;霍山等 10 县(市、区)成为第二届安徽省生态文明建设示范县。淮北市矿山生态修复成果显著,被授予"第十届中华环境优秀奖"。2021 年 4 月,安徽省政府办公厅印发《关于全面实施长江淮河江淮运河新安江生态廊道建设工程的意见》，要求全面实施长江、淮河、江淮运河等建设工程，加快构筑江淮大地更加牢固的生态安全屏障，为全省绿色发展和区域协调发展提供坚实的生态保障。到 2023 年，长江、淮河、江淮运河、新安江两侧各 15 公里范围内的宜林荒山荒坡荒地全部植树造林，两岸废弃的码头、厂矿和沿线的滑坡山体、裸露地块全部完成复绿，实现宜林还林、应绿尽绿。2019 年安徽省启动长江生态环境问题"大保护、大治理、大修复，强化生态优先绿色发展理念落实"（"三大一强"）专项攻坚行动，加快建设水清岸绿产业优美丽长江（安徽）经济带。2021 年安徽省出台升级版"三大一强"专项攻坚行动方案。以解决突出生态环境问题整改为首要任务，加快推进问题整改。中央环保督察"回头看"及长江、巢湖水污染治理专项督察反馈意见整改。坚决落实长江"十年禁渔"。开展生态产品价值实现机制试点，推进新安江—千岛湖生态补偿试验区建设。实施淮河生态经济带发展规划助推皖浙两省新安江—千岛湖生态补偿试验区建设方案达成一致。

（六）积极参与长三角区域共建预警预报机制，协同推进长三角生态环境共同保护

开展秋冬季空气质量预报会商，完成中华人民共和国成立 70 周年大庆等重大活动空气质量联合保障任务。建立皖苏滁河流域生态补偿机制，推进沱湖、洪泽湖流域联防联控。完成长三角固体废物一体化监管基础工作。联合建立长三角区域互督互学工作机制。联合制订区域重点污染物控制目标，切实改善区域空气质量。加强重污染天气应急联动，统一区域重污染天气应急启动标准，深化大气环境信息共享机制。落实重点跨界水体联保专项治理方案，继续完善重点跨界水体联防联控机制，全面加强水污染治理协作。落实长三角固废危废联防联治实施方案，依托信息化手段，对危险废物实施全过程监管，严格监管固废危废跨区域转移，严厉打击固废危废非法跨界转移、倾倒等违法犯罪行为，对突出问题实施挂牌督办。强化区域生态环境联合执法联动，加强区域环境应急协同响应。加强区域生态环境保护标准一体化建设。

第五章 长三角地区大气污染治理政策评估

长三角区域大气污染治理是探索长三角区域生态绿色一体化发展的重要领域之一。大气污染的治理按照污染源可以分为固定燃烧源治理、工艺过程源治理、移动源治理三部分。当前长三角区域的41城市的大气环境污染现状差异明显,多数地区的空气质量仍未达标,而且空气质量改善存在薄弱环节。大气污染治理导致的空气质量改善,不仅降低了人群的健康风险,而且间接地提高了经济系统的人力资本。通过评估长三角区域大气污染治理的污染物减排效应和健康效益,可以发现当前在长三角区域大气污染政策的效果及不足,为制订最优减排决策提供指导。

第一节 长三角区域城市大气污染现状

一、长三角地区空气质量水平总体仍未达标

按照《环境空气质量标准》(GB3095—2012)评价,2020年,长三角地区41个城市优良天数比例范围为70.2%—99.7%,平均为85.2%,其中,34个城市优良天数比例为80%—100%、7个城市优良天数比例为50%—80%;平均超

标天数比例为 14.8％，其中，轻度污染为 12.3％、中度污染为 2.0％、重度污染为 0.5％，以 O_3、$PM_{2.5}$、PM_{10} 和 NO_2 为首要污染物的超标天数分别占总超标天数的 50.7％、45.1％、2.9％ 和 1.4％，未出现以 SO_2 和 CO 为首要污染物的超标天。

分省份来看：

2020 年，安徽省平均优良天数比例为 82.9％；全省 16 个设区市重度及以上污染天数累计为 38 天，同比下降 45.7％。16 个设区市优良天数比例范围为 70.2％（亳州）—99.7％（黄山）。按照环境空气质量综合指数评价，排名前 3 位的城市依次是黄山、宣城和池州市，排名后 3 位的城市依次是淮北、淮南和亳州市。

江苏省 2020 年环境空气质量优良天数比率为 81.0％，达到国家考核目标要求，13 市优良天数比率为 71.3％—87.7％。2020 年，按照江苏省政府发布的《江苏省重污染天气应急预案》，全省共发布 5 次黄色预警、2 次橙色预警。按照《环境空气质量标准》（GB3095—2012）二级标准进行年度评价，南通和盐城 2 市环境空气质量达标，其他设区市环境空气质量均未达标，超标污染物为 $PM_{2.5}$、PM_{10}、O_3。其中，南京、无锡、苏州、南通、盐城 5 市 $PM_{2.5}$ 年均浓度首次达标，其余 8 市 $PM_{2.5}$ 年均浓度均超标；徐州 PM_{10} 浓度超标，其余 12 市达标；除南通、淮安和盐城 3 市外，其余 10 市 O_3 浓度超标。13 个设区市 SO_2、NO_2 和 CO 浓度均达标。

浙江省 2020 年 11 个设区城市 $PM_{2.5}$、PM_{10} 年均浓度达到国家环境空气质量二级标准，SO_2、NO_2 年均浓度达到国家环境空气质量一级标准；浙江省 69 个县级以上城市日空气质量（AQI）优良天数比例为 87.2％—100％，平均为 96.2％。

上海市 2020 年环境空气质量指数（AQI）优良天数为 319 天，AQI 优良率为 87.2％。其中，优 117 天，良 202 天，轻度污染 39 天，中度污染 7 天，重度污染 1 天。全年 47 个污染日中，首要污染物为 O_3 的有 27 天，占 57.5％；首要污染物为 $PM_{2.5}$ 的有 16 天，占 34.0％；首要污染物为 NO_2 的有 4 天，占 8.5％。

总体来看，长三角区域 41 个城市的空气质量差异显著。只有部分城市环境空气质量达到了国家二级标准，而多数城市空气质量尚未达标。从省级层面来看,安徽省和江苏省的空气质量总体最差,上海市其次,浙江省最好。空气质量的差异为空气污染的区域传输提供了现实基础,也是长三角区域协同推进大气污染一体化治理的现实依据。

二、长三角区域空气质量改善存在薄弱环节

长三角地区的 SO_2、PM_{10}、$PM_{2.5}$ 年均浓度在 2016—2020 年,整体呈不断下降的趋势,NO_2 年均浓度波动较小,2017 年略有上升。以下对主要污染物变化趋势进行分析。

由图 5-1 可知,在 SO_2 方面,2016—2020 年,长三角地区 SO_2 年均浓度为 $7\ \mu g/m^3$—$17\ \mu g/m^3$,低于国家环境空气质量二级标准,长三角地区 SO_2 年均浓度整体下降趋势显著。分省份来看,2016 年浙江省的 SO_2 年均浓度最低,上海市其次,江苏省和安徽省最高;而到了 2020 年,上海市和浙江省的 SO_2 年均浓度已经相同,下降到 6 微克/立方米,江苏省和安徽省的 SO_2 年均浓度已经

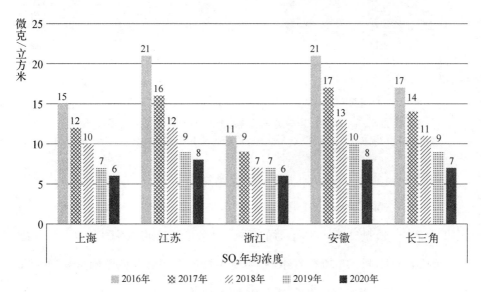

图 5-1　2016—2020 年长三角区域及三省一市 SO_2 年均浓度

数据来源:国家及长三角区域三省一市对应年份的(生态)环境状况公报。

相同,下降到 8 微克/立方米。可以看出,长三角区域"十三五"时期 SO_2 年均浓度的差异在逐渐缩小。

由图 5-2 可知,在 NO_2 方面,2016—2020 年,长三角地区 NO_2 年均浓度在 37 $\mu g/m^3$—29 $\mu g/m^3$ 之间,整体呈下降趋势。尽管 2016 年以来,长三角地区年均浓度始终低于国家环境空气质量二级标准,但分省市来看,上海市的 NO_2 在三省一市中为最高,2019 年 NO_2 仍未达到国家环境空气质量二级标准,直到 2020 年才达到国家环境空气质量二级标准。

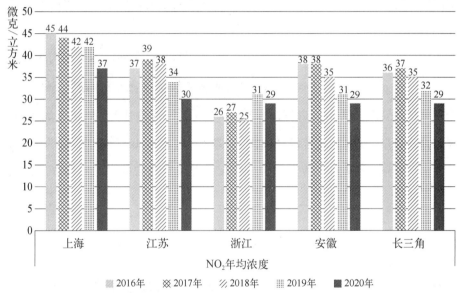

图 5-2 2016—2020 年长三角区域三省一市 NO_2 年均浓度

数据来源:国家及长三角区域三省一市对应年份的(生态)环境状况公报。

由图 5-3 可知,在 PM_{10} 方面,2016—2020 年,长三角地区 PM_{10} 年均浓度为 75 $\mu g/m^3$—56 $\mu g/m^3$。其中,2016 年,长三角地区 PM_{10} 年均浓度还未达到国家环境空气质量二级标准,上海的 PM_{10} 年均浓度最低,浙江其次,而江苏最高。到 2020 年,长三角所有省市的 PM_{10} 年均浓度均已经低于国家环境空气质量二级标准;其中,上海市的 PM_{10} 年均浓度依然最低,安徽省的 PM_{10} 年均浓度为 61 $\mu g/m^3$。

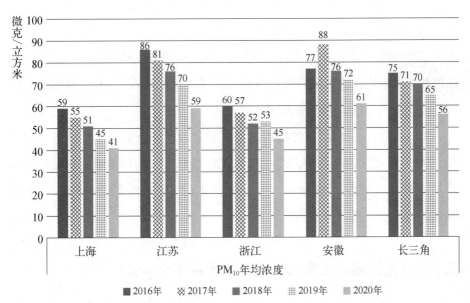

图 5 - 3　2016—2020 年长三角区域三省一市 PM$_{10}$ 年均浓度

数据来源：国家及长三角区域三省一市对应年份的（生态）环境状况公报。

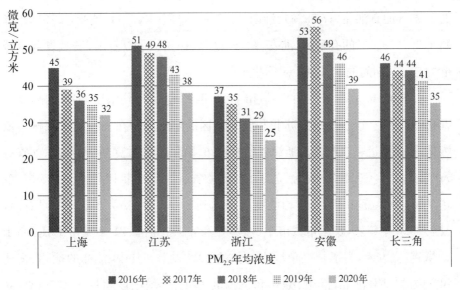

图 5 - 4　2016—2020 年长三角区域三省一市 PM$_{2.5}$ 年均浓度

数据来源：国家及长三角区域三省一市对应年份的（生态）环境状况公报。

由图 5-4 可知,在 $PM_{2.5}$ 方面,2016—2020 年,长三角地区 $PM_{2.5}$ 年均浓度呈波动下降,由 46 $\mu g/m^3$ 下降至 35 $\mu g/m^3$。其中,2016 年,浙江省的 $PM_{2.5}$ 年均浓度最低,而上海市其次,安徽省的 $PM_{2.5}$ 年均浓度最高。到 2020 年,浙江省和上海市均已经达到国家环境空气质量二级标准,而江苏省和安徽省的 $PM_{2.5}$ 依然高于国家环境空气质量二级标准。

总结来看,长三角区域各省市的空气质量改善面临的问题和任务不尽相同。2020 年,长三角区域的 SO_2、NO_2、PM_{10} 和 $PM_{2.5}$ 的年均浓度均已经达到国家环境空气质量二级标准。而分省市来看,2020 年安徽省和江苏省的 $PM_{2.5}$ 仍未达到国家二级标准。

三、长三角区域城市层面大气环境质量不公平特征突出

由图 5-5 可知,长三角 41 城市"十三五"期间 $PM_{2.5}$ 年均浓度降幅差异明显。其中:湖州市降幅最大,为 52.53%;池州市降幅最小,为 1.16%。而降幅低于 20% 的有淮北(17.09%)、淮南(5.56%)、阜阳(4.46%)、池州(1.16%),降幅在 20%—30% 的有宿州、淮安、宿迁、亳州、徐州。可以看出,安徽省部分城市"十三五"期间的 $PM_{2.5}$ 降幅不明显。

由图 5-6 可知,长三角 41 城市 2020 年 $PM_{2.5}$ 年平均浓度差异明显,浙江省城市总体空气质量较好,苏北和皖北地区的空气质量在长三角区域排名依然靠后,仍需进一步改善。浙江省所有城市均低于 35 微克/立方米,江苏省有 5 个城市 $PM_{2.5}$ 低于 35 微克/立方米。安徽省有 3 个城市 $PM_{2.5}$ 低于 35 微克/立方米。而上海市 $PM_{2.5}$ 年均浓度已经达到 31.67 微克/立方米。可以看出,截至 2020 年年底,长三角城市中,江苏省和安徽省仍有 21 个城市 $PM_{2.5}$ 高于 35 微克/立方米,占了长三角城市总数的 50% 以上。其中,江苏的徐州、宿迁和安徽的阜阳、淮北、淮南、亳州和宿州的 $PM_{2.5}$ 年均浓度超过了 45 微克/立方米。

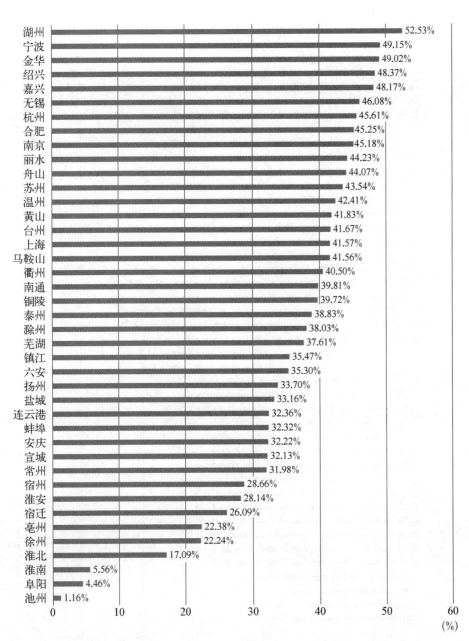

图 5-5　长三角 41 城市"十三五"期间 PM_{2.5} 年平均浓度下降幅度

数据来源：《生态环境部城市空气质量月报》①。

---

①　中华人民共和国生态环境部. 城市空气质量状况月报［R/OL］.［2020］. http://www.mee.gov.cn/hjzl/dqhj/cskqzlzkyb/

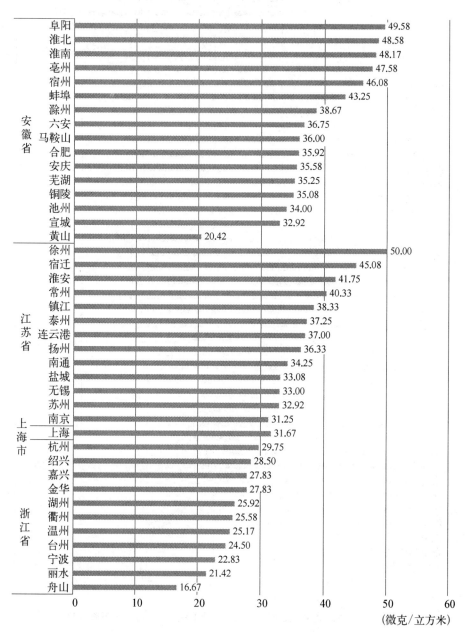

图 5-6 长三角 41 城市 2020 年 PM$_{2.5}$年平均浓度

数据来源：同图 5-5。

综上,长三角区域 41 城市在大气环境质量方面差异明显。这种差异,与自身的减排程度密切相关,也与城市的区位密切相关。由于皖北和苏北地区自身产业结构的特征,污染物排放总量较大。另外,皖北和苏北地区的城市也易受周边地区的空气污染传输影响,因而大气环境质量改善难度较大。这种差异既造成了长三角区域 41 城市间居民健康福祉的差异,也不利于长三角区域一体化战略的推进。因此,如何尽快改善皖北和苏北地区的城市大气环境质量,缩小长三角区域城市间的大气环境质量的差异,是未来长三角区域生态绿色一体化发展的重要着力点。

第二节　长三角大气污染治理的污染物减排效果评估

2019 年是国务院发布实施《打赢蓝天保卫战三年行动计划》的第二年,是攻坚之年,是实施"十三五"规划的关键之年,也是制定"十四五"规划启动之年。2019 年,我国大气污染防治政策及措施强调突出"依法治污、精准治污、科学治污"。

一、重点污染源治理取得显著成效

2016 年以来,中国开始在火电行业全面推行超低排放改造。2019 年 4 月,生态环境部、国家发改委等部门联合发布《关于推进实施钢铁行业超低排放的意见》,正式拉开了全国非电行业实施超低排放改造的序幕。随后,多个地方政府相继出台实施钢铁行业超低排放更加细化的目标及方案(见表 5-1)。

2019 年 12 月,生态环境部印发《关于做好钢铁企业超低排放评估监测工作的通知》,保障钢铁企业实现可持续的超低排放效果。2019 年,我国钢铁超低排放推进较快的区域(江苏、河北、河南等地)钢铁企业频传超低排放完成消息,这对完成 2020 年目标的完成产生了极大的刺激和带动作用。根据《江苏省钢铁企业超低排放改革实施方案》《关于推进实施钢铁行业超低排放的意见》等,江苏省 23 家长流程钢铁企业的 74 台烧结球团设备已完成超低排放改造 69 台,完成率 93.2%,江苏全省大力推进钢铁企业全过程达到超低排放水平,实现全负荷、全时段、全流程污染排放有效管控,开展有组织排放、无组织排放管控和清洁运输。

表 5-1　2019 年长三角区域部分省份发布关于钢铁企业超低排放改造目标

省　份	改　造　目　标
浙江省	全省新建(含搬迁)钢铁项目要达到超低排放水平。推动现有钢铁企业超低排放改造,到 2020 年年底前,全省超低排放改造取得明显进展,宁波钢铁有限公司、衢州元立金属制品有限公司基本完成有组织排放改造,短流程钢铁企业、独立轧钢企业基本完成超低排放改造;到 2022 年年底前,全省钢铁企业超低排放改造基本完成(除 2025 年年底前实施关停或搬迁的企业和生产设施外),确保到 2025 年,全省钢铁企业全面达到超低排放水平,推动行业高质量、可持续发展
上海市	到 2020 年年底前,本市钢铁企业超低排放改造取得明显进展,力争 70% 左右产能完成改造;到 2022 年年底前,基本完成钢铁企业超低排放改造;到 2025 年年底前,进一步削减钢铁企业排放总量

二、持续推动柴油车污染综合整治

当前,长三角区域移动源污染问题依然显著,所排污染物仍是空气污染的主要来源。根据《中国移动源环境管理年报》,2019 年,全国机动车保有量达 3.48 亿辆;汽车保有量达 2.6 亿辆,同比增长 8.8%。全国 66 个城市汽车保有量超过百万辆,30 个城市超 200 万辆。其中,长三角区域有苏州、上海、宁波、南京、杭州、温州、无锡、金华 8 个城市超 200 万辆(见图 5-7)。据《中国移动源环境管理年报》统计,2019 年柴油车 NOx 排放量超过汽车排放总量的 88.9%,PM 排放量超过 99%;汽油车 CO 排放量超过汽车排放总量的 80%,HC 排放量占 77.5% 以上。

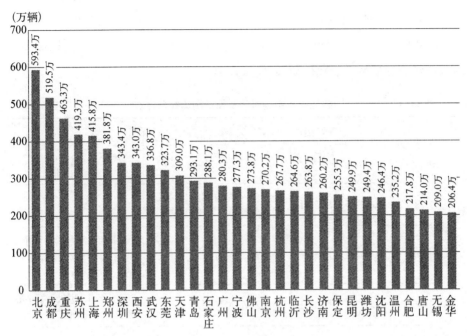

图 5-7　2019 年汽车保有量超 200 万辆的城市

数据来源：《中国移动源环境管理年报》[①]。

2019 年起,长三角区域全面打响"柴油货车污染治理",通过"车、油、路"统筹推进柴油货车污染治理。长三角区域各省市细化"柴油货车"治理方案,实施"柴油车污染治理"行动,从结构上减少老旧柴油车的排放问题(见表 5-2)。

表 5-2　截至 2019 年,长三角部分省市"柴油货车污染治理行动"成果

省　市	"柴油货车污染治理"行动
江　苏	全省注销车辆道路运输证的中型、重型柴油货车超过 1.9 万辆
浙　江	全省已淘汰国三及以下营运柴油货车 2.2 万辆,完成年度目标的 172%,淘汰柴油车总数达 4 万辆
安　徽	加快淘汰国三及以下排放标准中重型柴油货车,累计淘汰 6.6 万辆

---

①　中华人民共和国生态环境部.中国移动源环境管理年报(2020)[R/OL].[2020-08-10]. http://www.mee.gov.cn/hjzl/sthjzk/ydyhjgl/.

2019 年 1 月 1 日起，全面供应国六标准车用汽柴油，推动车用柴油、普通柴油、船舶用油"三油并轨"（见表 5-3）。截至 2019 年年底，长三角区域多个省市"柴油货车污染治理行动"成果显著。

表 5-3　　　　　各地国六实施时间及国三淘汰补贴标准

各地国六实施时间及国三车淘汰补贴标准			
省 市	国六实施时间	国 六 政 策	国三车淘汰时间及补贴标准
上海	2019 年 7 月 1 日	轻型汽车提前实施国六 b，国五和国六 a 全部禁售	
杭州	2019 年 7 月 1 日	轻型汽车实行国六	2019 年 12 月 31 日前，待淘汰 11 万辆；最高补贴 4 万元/车
南京	2019 年 7 月 1 日	轻型汽车实行国六	2020 年 12 月 31 日；最高补贴 4 万元/车
安徽/江苏/浙江	2019 年 7 月 1 日	轻型汽车实行国六	

三、减排政策措施执行效果评估

2019 年是"蓝天保卫战"承上启下之年。这里对"蓝天保卫战"第二年实施效果进行评估，旨在量化各项主要政策措施对污染物减排的贡献，对现阶段工作主要面临的困难和存在的不足进行阶段性的总结并提出有针对性的对策建议。依托清华大学建立的中国多尺度排放清单模型（Multi-resolution Emission Inventory for China，MEIC），根据地方政府执行"蓝天保卫战"的详细配套政策及逐年措施落实具体情况，定量分析"蓝天保卫战"期间全国和重点区域的主要减排措施的减排效果。其中，本评估从能源结构调整、产业结构调整、交通结构调整、用地结构调整和专项治理行动 5 个方面提取细化措施，将其梳理汇总为燃煤锅炉整治、燃煤清洁化替代、落后产能淘汰、"散乱污"企业清理整治、移动源排放管控、扬尘源综合治理、农业源综合治理、工业提标改造、燃煤电厂超低排放改造、挥发性有机物源头替代和重点工业挥发性有机物治理共 11 项具体措施及其他(表 5 - 4)。[①]

表 5 - 4　《打赢蓝天保卫战三年行动计划》各项措施解读

措　施	描　述
落后产能淘汰	包括产能严重过剩行业产能控制、落后产能淘汰等措施
"散乱污"企业清理整治	指对证照不全、违法建设、违规经营、污染环境及不符合当地产业布局规划的"散乱污"企业进行全面整治
燃煤电厂超低排放改造	指对燃煤电厂进行超低排放改造达到新的排放限值标准
工业提标改造	指对钢铁、水泥、玻璃等重点行业进行脱硫脱硝除尘等末端控制措施提升改造
燃煤锅炉整治	包括燃煤小锅炉淘汰、燃煤锅炉高效脱硫、除尘器升级改造等措施
民用能源清洁化	包括民用散煤、生物质燃料清洁化治理、煤改气、煤改电等措施
移动源排放管控	包括机动车数量总量控制、淘汰黄标车及老旧车及非道路机械整治等措施
扬尘源综合治理	包括建筑工地扬尘污染控制、道路扬尘污染控制、港口码头扬尘污染控制等措施
重点工业挥发性有机物治理	涉 VOCs 排放的工业行业进行挥发性有机物治理
挥发性有机物源头替代	采用水性涂料替代,从源头上治理溶剂 VOCs 排放
农业源综合治理	包括畜禽养殖业治理,化肥综合利用率的提升

依托清华大学建立的中国多尺度排放清单模型(MEIC),以 2019 年各项措施改变量为指标,这里核算了长三角地区的主要减排措施带来的减排量,评估了 2019 年减排工作成效(表 5 - 5)。[②]

---

① 中国清洁空气政策伙伴关系.中国空气质量改善的协同路径(2020):气候变化与空气污染协同治理[R].中国清洁空气政策伙伴关系年度报告,2020.

② 中国清洁空气政策伙伴关系.中国空气质量改善的协同路径(2020):气候变化与空气污染协同治理[R/OL].[2020 - 12 - 10].http://www.ccapp.org.cn/dist/reportInfo/225.

表 5 - 5 "蓝天保卫战"措施对 2018—2019 年
长三角区域主要污染物减排贡献量   单位：万吨

措　施	长三角地区			
	SO_2	NO_x	$PM_{2.5}$	VOCs
燃煤锅炉整治	1.6	2.0	0.2	0.7
民用能源清洁化	0.0	0.1	0.8	1.1
落后产能淘汰	0.6	0.9	0.3	0.1
燃煤电厂超低排放改造	2.9	2.1	0.2	0.0
散乱污企业清理整治	0.3	0.5	1.4	1.5
工业提标改造	4.3	5.2	2.6	0.0
重点行业挥发性有机物治理	0.0	0.0	0.0	8.9
挥发性有机物源头替代	0.0	0.0	0.0	8.7
移动源排放管控	0.1	1.0	0.0	0.7
扬尘源综合治理	0.0	0.0	0.0	0.0
农业源综合治理	0.0	0.0	0.0	0.0
总减排量	9.9	11.8	5.5	21.8

对长三角地区(如图 5 - 8 所示)，SO_2 减排效果最明显的措施是工业提标改造和电厂超低排放改造，分别减排 SO_2 4.3 万吨和 2.9 万吨，贡献了减排量的 43％和 30％。减排 NO_x 效果显著的措施有工业提标改造和电厂超低排放改造，分别减排了 5.2 万吨和 2.1 万吨的 NO_x，贡献了减排量的 44％和 18％。对于一次 $PM_{2.5}$，减排效果明显的措施有工业提标改造和散乱污企业清理整治，分别减排一次 $PM_{2.5}$ 2.6 万吨和 1.4 万吨，对总减排量的贡献为 42％和 23％。对于 VOCs，减排效果明显的措施为重点行业挥发性有机物治理和挥发性有机物源头替代，分别减排 VOCs 8.9 万吨和 8.7 万吨，对总减排量的贡献为 41％和 40％。

工业提标改造对长三角区域 SO_2 和 NO_x 减排均有显著贡献。燃煤电厂超低排放对重点区域的 SO_2 和 NO_x 减排也有显著贡献，长三角地区的 SO_2 和 NO_x 减排贡献分别达到 43％和 44％。此外，交通结构优化与排放管控对 NO_x

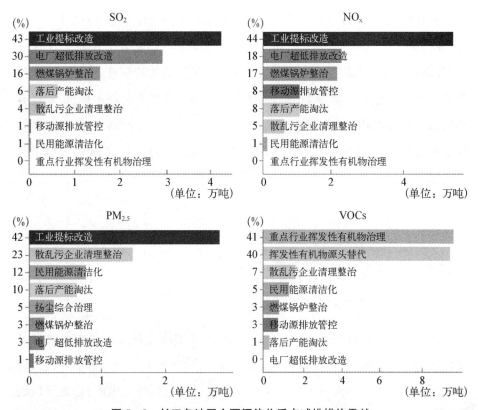

图5-8　长三角地区主要污染物重点减排措施贡献

的减排贡献较大,扬尘综合治理对一次 $PM_{2.5}$ 的贡献也表明作为重大减排工程,扬尘综合治理对空气质量改善卓有成效,但相较前几年,效果有所下降。能源结构不断优化,带来的减排贡献巨大。而民用燃料的主要大气污染物排放强度是超低排放改造后燃煤机组的 5—10 倍,从评估核算的结果上看,民用能源清洁化在长三角区域的一次 $PM_{2.5}$ 的贡献较大。

在产业结构调整方面,以煤电机组、钢铁、水泥和玻璃等为代表的主要行业的减排贡献相对下降,表明在落后产能淘汰和置换方面的减排潜力不断下降。在"蓝天保卫战"中,在继续巩固推进移动源综合整治的基础上,推进优化调整货物运输结构,从铁路货运、多式联运几个方面,对全国范围内的货运排放进行控制。同时加快车船结构升级,大力发展新能源汽车和公共汽车,从源头上减少交通行业带来的排放。

专项治理行动方面,通过落实《关于推进实施钢铁行业超低排放的意见》《工业窑炉大气污染综合治理方案》等,加快推动非电行业烟气治理"蓝天保卫战"针对挥发性有机物在重点区域全面执行大气污染物特别排放限值,加大对挥发性有机物排放企业综合治理,其中重点行业挥发性有机物治理、挥发性有机物源头替代贡献了最多的 VOCs 减排。在农业源排放控制方面,在畜禽养殖业综合利用率、化肥综合利用率和测土配方施肥面积推广方面加大技术提升力度。

第三节　长三角区域大气污染治理的健康效应

迄今为止,大量研究均证明空气污染对人类健康有着较大的影响,尤其是威胁人类呼吸系统健康,导致哮喘、支气管炎、肺气肿等疾病。科学家们又进一步发现空气污染暴露对人类健康的危险也可能包括婴儿早产、心血管疾病(心脏病、中风等)、糖尿病、痴呆、抑郁症等。婴幼儿及老年人群均为易感人群。从 20 世纪 50 年代开始,空气污染流行病学研究方法不断迭代更新,为识别易感人群、辨别大气污染短期及长期暴露对人体健康的危害、制订以保护人类健康为前提的空气质量标准、动态评价大气污染防治措施的健康效益提供了重要的科学依据。

估算疾病负担的方法主要有以下两种:一是计算归因死亡(如空气污染暴露造成的死亡人数);二是计算伤残调整寿命年(disability-adjusted life years,DALYs)。DALYs 包括两部分:过早死亡造成的寿命损失(years of life lost,YLL)和伤残所致的健康寿命损失(years lived with disability,YLDs)。例如,空气污染导致中风造成的过早死亡(早于预期寿命)应计算为寿命损失,空气污染引发的中风而导致的瘫痪情况则应计算为健康寿命损失。

方程(1)是浓度响应(C-R)函数,相对风险 RR_{IER} 是根据 2013 年 GBD 中的

全部 $PM_{2.5}$ 浓度范围内的暴露响应函数得到的。$RR_{IER}(Z)$ 表示 $PM_{2.5}$ 暴露浓度为 C 的条件下的相对风险(以微克每立方米为单位);C_0 表示假定没有额外风险的反事实浓度。对于非常大的 C,$RR_{IER}(Z)$ 近似于 $1+\alpha$。δ 是 $PM_{2.5}$ 的权重,以预测非常大浓度范围内的风险。[①]

$$RR_{IER}(Z) = \left\{ \begin{array}{l} 1, \text{for } C < C_0 \\ 1+\alpha\{1-\exp[-\gamma(C-C_0)^{\delta}]\}, for C > C_0 \end{array} \right\} \tag{1}$$

$$M_{i,j} = P_i \times \hat{I}_j \times (RR_j(C_i)-1), \text{where } \hat{I}_j = \frac{I_j}{RR_j} \tag{2}$$

方程(2)为 2013 年 GBD 制定的计算方法,以估计各省 $PM_{2.5}$ 相关的过早死亡率,包括以下 5 个终点:缺血性心脏病(IHD)、慢性阻塞性肺疾病(COPD)、肺癌(LC)和成人脑卒中、5 岁以下儿童急性下呼吸道感染(ALRI)。对于 IHD 和脑卒中,年龄层之间的 RR 是不同的,对于 COPD 和 LC,对整个成人组来说,相同暴露浓度的 RR(25 岁或以上)是相同的。根据这个方法,估计了长三角区域每个省份(和每个年龄层(IHD)中风的)过早死亡率 $M_{i,j}$ 和 i 省 $PM_{2.5}$ 的疾病终点 j。

$\hat{I}_j$ 代表假设的"潜在发病率"(即特定原因死亡率),如果 $PM_{2.5}$ 浓度降低到理论上的最低风险浓度,则该死亡率将保持不变。在这里,P_i 是 I 省的人口,I_j 是终点 j 报告的区域平均年度疾病发病率(死亡率),C_i 的年平均 $PM_{2.5}$ 浓度,$RR_j(C_i)$ 是终点 j 在浓度 C_i 的相对风险,RR_j 代表终点 j 的平均人口加权相对风险。

由图 5-9 可知,长三角区域的 2018 年的细颗粒物暴露的早逝人数比 2015 年有明显下降。分省份来看,江苏省因 $PM_{2.5}$ 暴露而早逝的人数是最多的,安徽省其次,而上海市最少。这一方面与各地的 $PM_{2.5}$ 污染有关,另一方面

---

① Cai W, Zhang C, Suen HP, et al. The 2020 China report of the Lancet Countdown on health and climate change[J/OL]. Lancet Public Health 2020. [Dec 2.2020]. https://doi.org/10.1016/S2468-2667(20)30256-5.

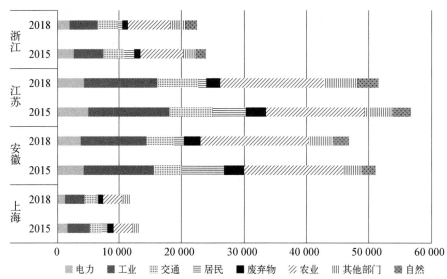

图5-9 2015、2018年长三角区域各污染源导致的可归因于细颗
粒物(PM_{2.5})暴露的早逝人数

资料来源:《柳叶刀倒计时2020年中国报告》。

也与各地的人口基数有关。分部门来看,农业部门的 $PM_{2.5}$ 暴露而早逝的人数
是最多的,其次是工业部门,而居民部门的 $PM_{2.5}$ 暴露而早逝的人数是最少的。

图5-9表明,大气污染对长三角区域带来了显著的健康损失,而且随着
大气污染防治攻坚战的推进,大气污染带来的健康损失有了明显的降低。此
外,长三角各省份大气污染的损失是有显著差异的,江苏省是损失最大的省
份。当前要重视农业部门和工业部门的大气污染治理,以减少因 $PM_{2.5}$ 暴露而
早逝的人数。

第六章 长三角协同推进碳中和的重点任务

2060 年碳中和目标的提出,要求长三角区域打造零碳的经济体系,这对长三角区域的产业结构、能源结构、生态建设水平和区域协同能力都提出了更高的要求。从碳中和视角来看,长三角区域三省一市目前在能源生产和消费结构、产业结构、低碳发展水平、绿色基础设施建设、区域电力交易市场建设、区域协同机制和大数据推动等方面还存在明显的差异,是碳中和视角下长三角区域生态绿色一体化发展亟须解决的重点任务。

第一节 长三角区域亟须推进能源清洁化转型

一、从能源使用的对外依存度来看,长三角区域的能源主要来自外部调入

2019 年长三角区域的 79.68% 的原煤消费、98.22% 的原油消费、96.86% 的天然气消费和 16.35% 的电力消费需要从外部区域供给。从长三角区域内部来分析,各省市情况不尽相同。由图 6-1 可知,上海、江苏和浙江在一次能源使用上对外依存度非常高。其中,天然气消费方面,浙江省全部来自外部调

入,而上海市相对最低,为87.45%。煤炭消费方面,上海市和浙江省的煤炭使用全部来自外部调入,安徽省最低,为40.05%。原油消费方面,安徽省和浙江省完全依靠外部调入,而江苏省最低,为96.28%。从电力使用来看,安徽省为唯一净调出省份,净调出比重为25.48%;而上海市、浙江省、江苏省为净调入省份,上海市的电力净调入比重最高,为47.60%。因此,长三角区域的能源总体对外依存度高,如果实现碳中和,长三角区域必须大幅降低化石能源的外部供给,而提高清洁电力的外部调入可能是替代化石能源对外依赖的可选策略之一。

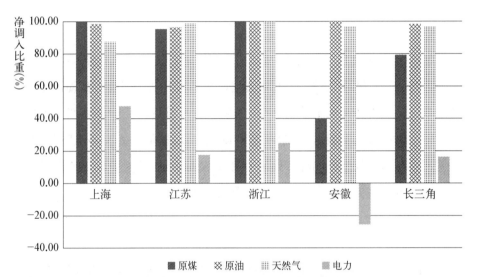

图6-1 长三角区域各省(市)2019年主要能源净调入比重

资料来源:《中国能源统计年鉴(2020)》。

二、从电力供给来看,长三角区域内部电力供应结构差异明显

由图6-2可知,2015—2019年,长三角区域电源发电结构发生了明显变化。其中,长三角区域的火电占比从2015年的89.40%下降到2019年的84.03%,核电占比从2015年的6.48%上升到2019年的7.71%,风电和太阳能

发电的占比从 2015 年的 0.99％上升到 2019 年的 5.53％。分省份来看,浙江省火电占比最低,2015 年为 75.10％,到 2019 年下降为 70.69％;而上海市火电占比为最高,2015 年为 99.35％,2019 年为 97.01％。浙江省、江苏省均有核电,田湾核电站位于江苏省连云港市,秦山核电站位于浙江省嘉兴市,三门核电站位于浙江省台州市。浙江省和江苏省的核电占比 2015 年分别达到了 16.49％和 3.81％,2019 年分别达到了 17.76％和 6.37％。

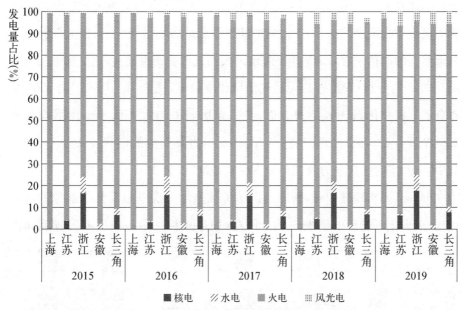

图 6-2 2015—2019 年长三角区域分电源发电结构

数据来源:《中国能源统计年鉴(2020)》。

而从可再生能源电力来看,安徽省和浙江省均有水电,水电占比 2015 年分别为 2.36％和 7.61％,2019 年水电占比有所下降,分别为 1.77％和 7.25％。而非可再生能源电力(太阳能发电和风电)方面,江苏省最高,2015 年为 1.8％,2019 年为 6.54％;上海最低,2015 年为 0.65％,2019 年增加到了 3.00％。要实现碳中和,长三角区域的火电要向保障性电源和提供电网灵活性的角度转变,这就要求要大幅提高清洁电力的供给,增加核电、水电和光伏的装机容量。因此,如果从长三角区域范围内配置电源,可以结合长三角四省市的资源禀赋的差异,合理布局发电产业,以更低的成本推动电源产业的低碳化转型。

三、从能源消费结构来看,长三角区域能源消费结构存在明显差异

由图 6-3 可知,整体来看,2019 年长三角区域的能源消费结构和我国平均水平近似。然而在长三角区域内部,四省市的能源结构差异明显。其中,江苏省的能源消费结构与我国平均水平接近。而浙江省和上海市的能源消费结构明显优于我国平均水平,安徽省的能源消费结构则呈现"一煤独大"的格局。从天然气的消费来看,2019 年上海市的天然气消费比重最高,比全国平均水平高 7.29 个百分点;安徽省的天然气消费比重最低,比全国平均水平低 4.06 个百分点。在非化石能源消费方面,长三角区域平均水平低于全国平均水平2.28 个百分点,而长三角三省一市的一次电力及其他的消费比重各不相同。其中,上海市的一次电力及其他所占比重最低,仅为 1.67%;而浙江省为最高,为 9.58%。要实现碳中和,长三角区域应该增加一次电力及其他能源的消费占比,减少化石能源的消费占比。因此,如果从长三角区域层面配置能源需

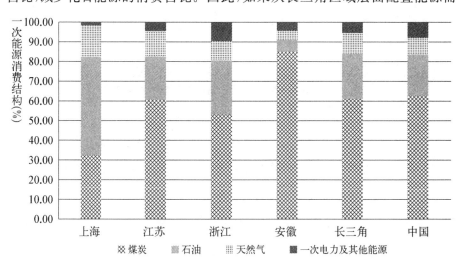

图 6-3 长三角区域各省(市)2019 年一次能源消费结构

注:此处用电热当量计算法计算长三角区域各省市的能源结构。

数据来源:《中国能源统计年鉴(2020)》。

求,可以发挥市场优化资源配置的功能,改善能源消费结构,进一步优化能源利用效率,最终实现能源的低碳转型。

第二节　绿色电力的市场机制还不完善

一、我国电力交易市场建设进程

2002 年国务院发布《关于印发电力体制改革方案的通知》,明确提出在具备条件的地区开展发电企业向较高电压等级或较大用电量的用户和配电网直接供电的试点工作,这标志着中国电力体制改革的启动。2015 年 3 月,中共中央国务院《关于进一步深化电力体制改革的若干意见》(中发〔2015〕9 号)的印发——新一轮电力体制改革拉开帷幕,输配电价核定、区域和省级电力交易机构的组建、售电市场等方面的改革为电力直接交易的大范围展开奠定了基础。2018 年 7 月,国家发改委、国家能源局印发《关于积极推进电力市场化交易进一步完善交易机制的通知》,要求 2018 年放开煤炭、钢铁、有色、建材 4 个行业电力用户的发用电计划,全电量参与交易,通过市场交易满足用电需求,并支持重点行业电力用户与风电、太阳能发电等清洁能源开展市场化交易。除了大型集中式的发电企业参与的市场化交易外,分布式发电的市场化交易也在寻求突破。2017 年 10 月,国家发改委、国家能源局发布《关于开展分布式发电市场化交易试点的通知》,遵循中发〔2015〕9 号文件及其配套文件的要求,开展分布式发电市场化交易试点工作,加快推进分布式能源的发展,提高其市场化程度。同年 12 月,国家发改委办公厅、国家能源局综合司发布《关于开展分布式发电市场化交易试点的补充通知》,对试点组织及交易规则做出进一步说明。

2018 年 3 月,国家能源局发布《可再生能源电力配额及考核办法(征求意见稿)》,首次提出了 2018 年、2020 年各省级行政区域的可再生能源电力总量配额指标、非水电可再生能源配额指标,以及相关考核办法。2018年9月和11月,国家能源局第二次和第三次对该文件的修改征求意见,提出配额制对电力消费设定可再生能源配额,售电企业和电力用户协同承担配额义务。业界认为这是推动绿电消费的一个重大契机。2020年2月,国家发改委、国家能源局印发《〈关于推进电力交易机构独立规范运行的实施意见〉的通知》,提出2022年年底前,京津冀、长三角、珠三角等地区的交易机构相互融合,初步形成适应区域经济一体化要求的电力市场。在加快形成新发展格局的要求下,应进一步推进长三角区域电力市场机制改革创新,组建独立规范运行的电力现货交易机构、对接各省市电力现货交易方案和规则、匹配各省市可再生能源支持政策。

二、长三角区域电力市场现存主要问题

(一)长三角三省一市区域间能源资源要素配置效率低,长三角平均上网电价相对于全国平均水平较高

长三角是全国电力负荷最集中的区域,2019年用电量近1.72万亿千瓦时,约占全国的24%。从电源结构来看,三省一市均以火力发电为主,其中浙江省有较为丰富的水电、核电资源,江苏省有较为丰富的核电、风电资源。三省一市电力供需存在明显的互补性,上海是典型的受端电网,外来电比例达到本市电力消费总需求的40%以上,江苏、浙江外来电比例也分别达到15%、20%左右;而安徽总发电量中20%以上输出到外省市。2019年,长三角区域省内和省间市场化交易电量分别达到5 943亿千瓦时和306.8亿千瓦时,同比分别增长39%和42%。其中,浙江、江苏是我国省间外购电最大的两个省,2019年外购电量分别为1 678.2亿千瓦时和1 275.4亿千瓦时。由于省间电力交易壁垒的存在,目前上海、浙江燃煤发电机组利用率相对较低,燃煤发电平均上网电价高于全国平均水平;上海太阳能发电机组利用率仅达到6%左右,低于长三角其他省份8%—10%的水平,上海光伏发电上网电价达到全国平均

水平的两倍左右,不利于可再生能源的发展。

(二)长三角三省一市电力市场化改革进程缓慢,市场交易机制建设滞后,市场价格机制配置资源的作用没有充分发挥

国际上成功运行的电力市场是由不同层次、不同种类、不同规模、不同空间子市场形成的有机整体。然而当前我国电力市场仍以中长期交易为主,现阶段我已开展的中长期交易主要是电量合约,发用双方交易确定的是年度或月度的总电量。据上海长三角能源研究院研究报告,2019 年跨省交易量仅占华东全社会用电量的 1.8%,大部分交易被限制在省(市)内。在长三角区域,浙江省是唯一一个国家电力现货试点省份,2019 年上半年启动电力现货市场模拟运行,已经积累了电力现货交易的经验。在长三角层面,电力市场交易形式单一,2019 年浙江刚刚启动电力现货市场模拟运行,多元化的市场架构还未形成。此外,电力交易中心机构股权改革滞后。截至 2020 年 6 月底,长三角区域的 4 个省级电力交易中心,国网股权占比均为 100%,没有达到《关于推进电力交易机构独立规范运行的实施意见》中提出的"2020 年上半年实现交易机构中电网企业持股比例降至 80% 以下"的要求。

(三)长三角区域可再生能源消纳总量不高,市场化消纳机制存在障碍

当前国内仅有冀北电力已经开展可再生能源电力市场化交易,长三角区域可再生能源发电量并未进入市场交易,是由电网公司按计划消纳。2020 年国家发改委、国家能源局出台的《关于各省级行政区域 2020 年可再生能源电力消纳责任权重的通知》,明确了长三角三省一市的消纳责任,其中上海市、江苏省、浙江省、安徽省最低消纳责任权重分别为 32.5%、14%、17.5%、15%,总体上比 2019 年全国可再生能源电力平均消纳权重水平 27.5% 要低。随着 2019 年可再生能源电力消纳责任权重考核政策和促进风电、光伏发电通过电力市场化交易无补贴发展政策的出台,建立长三角区域可再生能源消纳的市场机制的紧迫性日益增强。

三、长三角区域电力市场现存问题的原因分析

(一) 国家电力市场管理并未有明确的责任机构和问责机制,相关政策改革缺乏动力

可再生能源波动性大、预测精度相对较低,参与市场交易存在一定风险,需要在市场规则设计中予以考虑,兼顾经济性和系统安全。涉及可再生能源消纳和参与市场的政策种类较多,包括可再生能源补贴机制、可再生能源消纳责任权重机制等,国家能源局、国有资产监督管理委员会、工业和信息化部、生态环境部、国家发改委等部门在相关政策之间的协调有待进一步加强。外来电和可再生能源属于优先发电范畴,属于计划上网电。受新能源参与市场化交易补贴计算方式改变、消纳责任权重指标考核等因素影响,新能源发电主体参与跨省区市场化交易意愿下降。

(二) 长三角各省(市)级电力市场内部存在少数发电企业市场份额高带来的市场力问题

发电企业市场力问题是省内电力现货交易机制建立的主要难题之一,当发电市场份额由少数发电企业或集团占有时,垄断或寡头企业可能采取报高价、合谋等方式增大利润,从而损害电力用户的利益。目前长三角三省一市发电市场均由少数发电企业或集团占有,例如上海发电市场份额主要由华能、申能、上海电力股份占有,浙江发电市场份额主要由浙能集团占有,而省(市)内发电侧市场竞争力较弱,各省(市)分割的电力市场不利于发挥发电侧企业竞争力。

(三) 长三角区域电力交易平台缺位,电力市场化交易存在省间壁垒,不利于长三角能源资源有效配置

目前,除浙江省作为电力现货市场建设试点已公开发布建设方案外,其他

省市的建设方案尚未公开发布。浙江电力交易中心、江苏电力交易中心、上海电力交易中心职能定位主要都是承担本省市电力交易平台的建设交易和运营,有自身的交易规则。对比长三角区域内各省电力市场交易规则可以发现,各省在售电公司准入及监管、市场交易上限及剔除容量规定方面有较大差异。这些差异不符合《关于深化电力现货市场建设试点工作的意见》提出的"建设统一开放、竞争有序的市场体系"要求,不利于未来电力市场间交易和市场融合。

(四) 目前中国的可再生能源绿色电力证书(简称绿证)自愿市场活跃性不高

中国目前的绿电消费途径包括自行发电、实体购电协议、从发电商处购买绿证(但没有直接购电)等几种,相对于美国的绿电自愿市场,市场灵活度相对较小,用户可选择的方式也较少。目前中国绿电自愿认购进展缓慢。一方面是由于企业对于采购绿电带来的能源成本上升有所顾虑;另一方面当前自愿绿证的价格是基于补贴强度设定的,普遍较贵,而用电企业在购买绿证后,既不能转售,又得不到其他方面的激励,很难有持续采购绿证的积极性。

第三节　区域分布式清洁能源开发亟须 3D 转型

一、电力部门的数字化转型任务艰巨

为实现碳中和,21 世纪下半叶之前长三角区域需要实现完全脱碳发电。这种"深度脱碳"将需要用可再生、零排放的电源替代传统发电厂,其面临的一个挑战是:许多可再生能源的电力输出是可变的和/或间歇性的。虽然可变可再生能源(variable renewable energy sources, vRES)在产量不能符合电力需求时可以减少,但这对生产者或消费者的成本是无效的。例如,尽管新冠肺

炎疫情导致需求减少,但由于在平衡供需方面面临的挑战,vRES渗透率更大的国家的电力成本有所增加。例如,英国的电力系统平衡成本就飙升。这些挑战证实,经济高效地利用高级 vRES 将需要改变电网设计和运行的方式。[①] 这将需要新技术来储存电力(日常和季节性),加强输配电投资作为管理间歇性的手段,特别是改善电网灵活性,以改变或减少需求,降低系统平衡成本。[②] 在传统结构化电网系统的背景下,有可能实现深度脱碳,即在集中发电站发电,如光伏发电场和风电场,并远距离分配给消费者。[③] 这可能是许多国家继续的主导模式。然而,在世界各地,电力脱碳现象正越来越多地发生在电力部门两种相互强化的趋势下:分布式和数字化。在电力部门,分布式指的是从整个电网分布的小规模电源发电,通常与特定负荷(即电力需求来源)共存。例如,屋顶光伏系统可以帮助满足安装的建筑物以及邻近建筑物的电力需求。正如韦伯等人所指出的那样,分布式很大程度上是由小规模可再生能源技术的成本下降,如太阳能光伏和风能;新技术存储电力(如电池)的可得性和成本降低,以及将能源效率和需求响应纳入电网和配电系统运行的可行性日益提高。[④] 这些清洁的分布式能源可以潜在而显著地改变电力生产和消费的方式。在数字化的帮助下,城市地区电力系统的分散化可能是多数国家支撑其气候目标而寻求电力脱碳的关键战略,通过分布式(Decentralisation)和数字化(Digitalisation)实现的脱碳(Decarbonisation)也叫做电力部门的"3D"转型。[⑤]

---

① IREA (International Renewable Energy Agency), IEA (International Energy Agency) and REN21,. Renewable Energy Policies in a Time of Transition[R/OL].[April 2018]. www. irena. org/publications/2018/Apr/Renewable-energy-policies-in-a-time-of-transition.

② De Vivero et al. Transition towards a Decarbonised Electricity Sector: A Framework of Analysis for Power System Transformation[R/OL]. [02 October, 2019]. https://newclimate. org/2019/10/02/transition-towards-a-decarbonised-electricity-sector.

③ Webb M. et al.. Urban Energy and the Climate Emergency: Achieving Decarbonisation via Decentralisation and Digitalisation[R/OL]. [31 March 2020]. https://urbantransitions. global/wp-content/uploads/2020/03/Urban_Energy_and_the_Climate_Emergency_web_FINAL.pdf.

④ 同上。

⑤ Broekhoff, D., Webb, M., Gençsü, I., et al. Decarbonising electricity: How collaboration between national and city governments will accelerate the energy transition[R/OL]. [11 March 2021]. https://urbantransitions.global/publications.

长三角区域分布式清洁能源刚刚起步。一方面,长三角三省一市既面临经济发展所需大量新增能源供应的压力,又受限于稀缺的土地和空间资源而无法大规模发展集中式风电场和光伏电站,提高可再生能源电力消纳比重面临很大挑战。另一方面,这一地区产业发达,工业园区集中,厂房屋顶资源丰富,也有大量的渔业养殖水域和农业大棚,这些设施为发展分布式光伏提供了良好的契机。长三角地区是我国分布式光伏的主阵地之一。截至2019年年底,江苏、浙江、上海共计开发分布式光伏1 693万千瓦,占全国分布式光伏装机总量的27%。① 尽管如此,分布式光伏发电量占该地区用电量的比重仍是微不足道的。分散式风电在长三角地区乃至全国范围内,都还处于起步阶段。电力体制改革加快推进分布式能源发展。在进一步深化电力体制改革的背景下,长三角地区也在积极推进相关试点。浙江是第一批电力现货市场试点地区之一,在《浙江省电力体制改革综合试点方案》中,全面放开用户侧分布式电源市场,积极开展分布式电源项目的各类试点示范是一项重点内容。江苏是全国首个启动分布式发电市场化交易试点的省份。2019年12月,江苏省发布《江苏省分布式发电市场化交易规则(试行)》,选取7个项目开展分布式发电市场化交易试点,在全国范围内起到重要示范和引领作用。

二、长三角地区分布式能源发展面临的问题挑战

目前,长三角地区分布式能源发展虽然已经取得了一些成就,但开发规模与实际潜力相比还远远不够。无论是分布式光伏还是分散式风电,都面临着一些共性、个性的问题,发展已出现放缓迹象,诸多制约因素亟待破解。

(一) 分布式光伏稳定性收益难以保障

分布式光伏经济性难题长期存在,新形势下发展困局更为明显。一是随

---

① 袁敏,苗红,高虎.长三角地区分布式可再生能源发展潜力及愿景[R].世界资源研究所,2021,3.

着补贴的快速下降直至退出,分布式光伏项目现金流的稳定性受到很大影响,今后的项目收入将主要来源于用电户的电费。二是用电户经营状况不确定性较大,难以保证自发自用电量,开发公司向用电户收取电费也存在一定难度,项目收益的稳定性难以保证。三是这种依赖用电户现金流的商业模式导致分布式光伏项目风险与地面电站不同,用电户的信用在很大程度上影响分布式光伏的融资。用电户可能减少用电、可能倒闭,这些都会增加项目的风险。目前,银行基本上不提供分布式光伏的融资服务,也缺乏资产证券化等融资手段,分布式光伏项目主要由融资租赁机构提供项目融资,通常要求用电户经营稳定、自发自用比例高,但融资成本较高,融资利率一般在7%左右,并且周期较短。这些困难在分布式光伏发展过程中始终没有得到有效解决,但由于成本急剧下降,叠加补贴政策,这些矛盾和问题被新的利润空间所掩盖,并没有充分暴露。目前,除了去补贴的影响,优质屋顶、稳定业主也越来越少,投资风险、不确定性变得越来越大,开发企业的积极性大不如前,融资难、收费难等问题也越来越凸显。2019年全国分布式光伏新增装机容量仅1 220万千瓦,较2018年下降40%左右;江浙沪新增293万千瓦,是2018年新增装机的56%,发展形势不容乐观。[1]

(二) 分布式市场化交易难以落地

由于风电、光伏等存在波动性和不稳定性,导致出力和负荷难以准确匹配,且上网电价相对较低,使得经济性大打折扣。如果允许项目通过配电网将电力直接销售给临近用户,可以有效扩大交易范围,拓宽分布式项目售电渠道,提高项目经济性,但目前分布式市场化交易试点难以推进。继2017年国家发改委和国家能源局联合下发《关于开展分布式发电市场化交易试点的通知》之后,江苏省于2019年12月出台了全国首个地方分布式市场化交易规则,随后明确了省内7个试点项目。然而,由于缺乏完善的电力市场定价机制

---

[1] 袁敏,苗红,高虎.长三角地区分布式可再生能源发展潜力及愿景[R].世界资源研究所,2021,3.

及成熟的商业模式,各类电力用户承担着较为复杂的交叉补贴,主要相关方的责、权、利分配仍未达成一致,过网费的核算标准尚不清晰等原因,试点交易尚未落地。分布式可再生能源无法充分发挥就近消纳的优势,进一步发展面临着严峻挑战。

(三) 分散式风电发展步履维艰

自 2011 年国家能源局印发《分散式接入风电项目开发建设指导意见》以来,国家相继出台多个政策支持分散式风电发展,至今也有超过 19 个省份和地区出台了分散式风电政策和规划,但在零敲碎打的发展模式下,行业发展一直处于不温不火的状态,总体开发规模较小。截至 2019 年年底,中国分散式风电装机规模仅为 93.5 万千瓦。[①] 这其中的主要障碍在于分散式风电的审批流程过于繁琐冗长。一是和集中式风电基地相比,分散式风电项目单体规模小,总投资较低,但在项目核准、土地审批、环保评估等方面仍需同等的核准流程。二是很多地方没有真正落实项目核准承诺制,土地审批手续也繁杂,缺乏针对噪声、景观、鸟类影响等的环保评估标准,前置性审核材料不仅没有减少,而且比集中式项目前期工作更加复杂。三是有的地方配网建设也跟不上,明显提高了分散式风电的开发门槛和收益不确定性。四是部分地区的政府主管部门对风电发展形势、技术进步等不熟悉,担忧风电建设会对城市规划和发展产生不利影响,主观接受度不高,甚至出现过不同层级反复批示的情况。

三、电网脱碳和分布式电源的共同挑战

电力的脱碳需要国家或电网一级的政策和法规。为了研究长三角区域地方政府如何助力国家碳中和,必须认识到电力的 3D 转型的共同挑战以及应对这些挑战所需的相关国家政策和监管框架。对电网脱碳的研究确定了不同的

---

① 袁敏,苗红,高虎.长三角地区分布式可再生能源发展潜力及愿景[R].世界资源研究所,2021,3.

转变"阶段",其中有实质性的技术、政策或者在进一步脱碳之前需要进行市场改革。城市一级的补充行动可能有所不同,这取决于更大的电网范围的脱碳阶段。例如,最具挑战性的目标,最初可能是建立更多的可再生能源电力,利用政策授权或激励可再生能源的部署;随后的阶段可包括随着市场的发展促进更大灵活性的政策。这些挑战是相互关联的,可再生能源电力的渗透随着时间的推移而增加,将需要更大的灵活性,最终需要新的基础设施、市场结构调整和创新的商业模式,以及跨部门一体化的政策整合。这些挑战之间的相互关系意味着,以零敲碎打的方式解决电力部门的脱碳——特别是通过分布式实现的脱碳——是行不通的。为了有效落实,决策者必须考虑一个全面的"政策组合",同时推进电网阶段性战略转型所需的多个要素改革。

长三角区域地方政府可以通过多种方式补充国家的电力脱碳努力,帮助克服过渡段的各种障碍。长三角区域地方政府的贡献方式将取决于其能力、资源和治理责任。所有地方政府都应成为电力部门规划的合作伙伴,例如,地方政府应参加国家(或公用事业一级)电力部门规划工作,使地方知识发挥作用,安置分布式可再生能源,提高建筑物的能源效率,并提高本地电网运行的灵活性。在稍后阶段,地方政府可能会就当地的电力 3D 规划提供建议,特别是在生产和消费的分布式模式使公民既能生产电力又能消费电的情况下,并通过地方许可证和分区规划来简化实施工作。地方政府还可制订社区大宗采购方案,加快当地可再生能源采用。拥有更多资源、能力和管理责任的地方政府将能够采取更广泛的补充措施,包括制定促进 3D 电网基础设施发展的地方性法律规范;为当地分布式清洁能源提供财政奖励;在市政设施和建筑物上安装分布式清洁能源技术。补充办法包括促进地方一级的跨部门一体化,例如促进城市建筑和交通的电气化。电网过渡的后期阶段,能力较强的地方政府可能作出灵活的需求响应服务;鼓励本地微电网和邻里范围的可再生能源部署;为有效的本地电网规划和运行提供必要的数据和信息。最后,那些地域足够大的和拥有市政公用设施的地方政府可采取一系列补充措施,包括试行新的监管办法和市场结构,并将各种业务(包括水、废物管理、公共交通和港口)

纳入地方电网规划。

第四节　绿色基础设施亟须完善

适应气候变化需要转变当前区域规划和投资建设模式,引入韧性安全理念,加大对区域公共物品的供给。绿色基础设施是当前国际社会应对气候变化的重要抓手,是基于自然的解决方案的重要应用领域。长三角区域一体化发展背景下,绿色基础设施是长三角区域建设生态文明与推进新型城镇化的重要支撑,建设绿色美丽长三角的时代需求,是缓解诸多生态问题的有效途径。长三角区域探索绿色基础设施建设路径,有助于推动长三角区域一体化进程,提高长三角区域协同应对气候风险的能力。绿色基础设施涉及湿地、林地、草地和建设用地等土地类型,绿色基础设施的建设是土地利用模式的转型。

本书中的长三角区域土地资源数据来源于欧空局全球陆地覆被数据,并采用 ArcGIS10.4 软件进行了投影转换、裁剪和重分类,土地利用类型采用欧空局土地利用/覆被分类体系,如图 6-4 所示。总体来看,在长三角区域,耕地是最主要的土地类型,耕地总面积为 2 276.75 万公顷,占长三角土地总面积的 65.19%;林地是第二大土地类型,林地总面积为 783.35 万公顷,占长三角土地总面积的 22.43%;建设用地是第三大土地类型,建设用地总面积为 247.70 万公顷,占长三角土地总面积的 7.09%;而水域面积为 155.72 万公顷,占长三角土地总面积的 4.46%。考虑到长三角区域以平原和丘陵为主要结构,草地、湿地、稀疏植被、灌木林等面积很少。

长三角三省一市的资源禀赋差异明显。由图 6-5 可知,2020 年耕地是三省一市的最主要的土地类型,江苏省的耕地占土地总面积的 78.39%,为长三角区域中占比最高的省份。上海市的耕地占比仅为 57.09%,为长三角区域中占比最低的省市。而林地方面,浙江省和安徽省的林地资源相对比较丰富,林

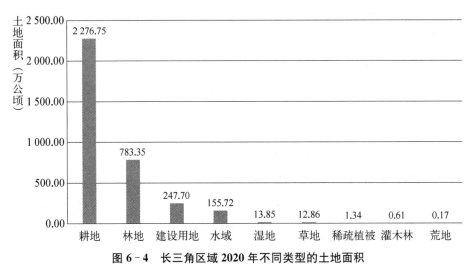

图6-4 长三角区域2020年不同类型的土地面积

数据来源：欧空局全球陆地覆盖数据。

地占土地总面积的比重分别为49.10%和19.50%。而上海市和江苏省的林地面积占土地总面积的比重不足1%。建设用地方面，上海市的建设用地占土地总面积的比重最高，为39.08%；而江苏省其次，仅为10.49%，安徽省最少，仅为3.13%。水域面积来说，江苏省水域相对比较丰富，水域面积占土地总面积的比重为最高，8.58%。总体来看，上海市在建设用地方面占用了大量的土地资源，浙江省和安徽省的林业资源优势突出，江苏省有相对丰富的水域资源。这种差异性为长三角区域协同推进产业布局空间优化提供了可能。

长三角三省一市在绿色基础设施方面存在着以下共性问题：

第一，长三角区域在海洋生态环境保护方面有共同的诉求。[①] 长三角区域面临的海洋生态风险具有共同性。长三角有漫长的海岸线，是我国登陆台风数量较多的区域。不管是赤潮、风暴潮、海啸还是台风侵袭，对长三角区域的浙江、江苏和上海都有影响。长三角区域滨海湿地多滩涂，红树林、怪柳等绿色基础设施能将海浪的高度显著降低，为抵御风暴、海啸和台风对海岸的影响起到重要的缓冲作用。长三角区域是我国海洋航运的中心，有宁波—舟山港、

---

① 周伟铎,庄贵阳.共建绿色基础设施,共享安全韧性长三角[N].中国环境报,2020-09-30.

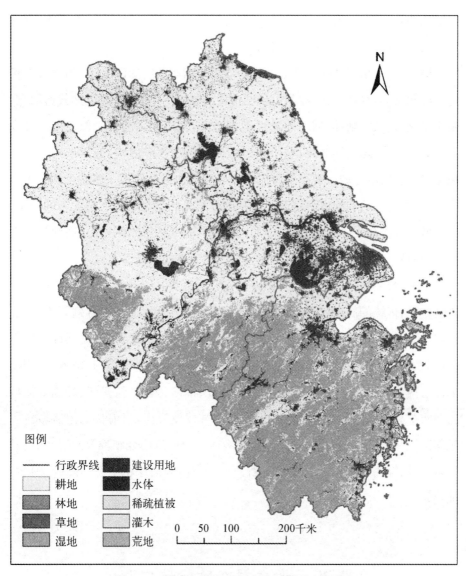

图 6 - 5　长三角区域 2020 年土地利用空间分布
数据来源：欧空局全球陆地覆盖数据。

上海—洋山港等国际大港。随着长三角一体化战略的推进和自贸区的扩容，长三角区域对海洋的开发力度将进一步加大。根据《2020 中国生态环境状况公报》，江苏省和浙江省近岸水域水质差，而上海近岸水域水质相较之更差，未来沿海基础设施的开发建设如果不当，会造成资源枯竭、珊瑚礁破坏、渔业和旅游业的收入减少、无法抵抗风暴潮和海岸侵蚀对基础设施造成的伤害、海滩维护成本增加以及白色污染等问题。

第二,长三角区域在提高蓄洪排涝能力方面有共同的诉求。[1] 虽然长三角区域河网密集、水系发达,然而由于城市化的推进,一些天然河道被裁弯取直、硬化渠化、设坝安闸,河网的连通性遭到破坏,蓄洪能力减弱。长三角区域大城市集中,受全球气候变化、城市热岛效应和雨岛效应影响,近年来长三角区域沿江、沿湖、沿海城市遭受洪涝灾害的风险增加。这使得一些城市的城市排水、城市内涝防治和城市防洪(潮)等基础设施无法满足暴雨洪涝灾害的冲击,导致城市内涝频发,城市洪灾风险加大。如何打通内河水网,修复内河生态系统,提高城市的蓄洪排涝能力,是当前长三角区域的共同需求。

第三,长三角区域在生态防护林共建方面有共同的诉求。[2] 在生态防护林规划方面,传统的属地管理模式使得长三角区域流域生态防护林规划不一致,流域生态空间碎片化问题依然突出,这也加剧了山洪、泥石流、流域性洪涝等地质灾害的发生频率。在生态防护林工程监管方面,由于存在行政壁垒,当前的监管执法碎片化问题依然存在,破坏长江、淮河、太湖、新安江、巢湖等流域生态防护林的案件时有发生。在生态防护林建设方面,当前长三角区域省际毗邻区域是生态建设的薄弱环节,存在沟通难、投资难、合作难等问题,江河湖岸防护林、皖西大别山区和皖南—浙西—浙南山区的绿色生态屏障碎片化特征明显。

第五节　大数据在赋能碳中和的
应用亟待拓展

众所周知,只有能够测量,才能做到有效管理。目前的气候和能源数据系

---

① 周伟铎,庄贵阳.共建绿色基础设施,共享安全韧性长三角[N].中国环境报,2020-09-30.
② 同上。

统还远远不能满足需求，也远远不足以应对气候挑战的紧迫性。能源系统各个层面的决策者们只能依赖政府报告给出的排放数据来做决策，但这些报告往往存在一定的滞后性。引进最先进的数据采集与分析系统，通过赋予政策制定者、倡导者和消费者最有力的信息来推动真正革命性的创新。更优的数据获取已经推动了全球多个大型产业的彻底变革。从根本上改善数据透明性是加速能源转型路径中投资回报率最高的一条路径。

大数据是近年来兴起的新兴技术，长三角生态环境一体化保护是近年来国家生态治理的重点领域，运用大数据技术对转变长三角生态治理方式，推动长三角生态治理能力的现代化具有不可替代的作用。生态环境大数据的发展和应用，为保护与改善长三角地区生态环境、推进长三角地区环境管理转型、提升长三角生态环境治理能力现代化打开了一条技术赋能之路；同时，可以将长三角地区作为实践区域，为大数据推动全国生态治理能力现代化和生态治理体系的转型提供示范和经验。我国发布的《促进大数据发展行动纲要》《生态环境大数据建设总体方案》等也表明了大数据应用于生态治理领域势在必行。当前长三角区域在大数据赋能碳中和应用方面，仍处于起步阶段，主要的问题有以下6个方面。

一、长三角区域工业互联网的渗透率仍然较低

中国信通院《工业互联网产业经济发展报告》数据显示，2020年我国工业互联网产业经济增加值规模约为3.1万亿元，占GDP比重为2.9%。在三次产业中，第二产业作为工业互联网应用的"主战场"，虽已在石化、钢铁、电子信息等制造业领域逐步落地，然而渗透率仅有2.76%，尚有较大的提升空间。长三角区域工业互联网领域创新能力有待进一步提升，以推动工业互联网应用加速渗透。未来长三角数字赋能碳中和行业发展思考的重点应是工业互联网如何快速实现可复制及规模化，工业互联网在碳中和背景下科技创新及节能减排的新方向在何方？

二、部分节能系统的应用停滞在数据收集方面

基于工业互联网技术的节能平台包含边缘层（数据采集）、平台（工业 PaaS）、应用（工业 App）三大层级。其中，边缘层作为数据的来源，属于节能平台的"生产资料"；工业 PaaS 作为 App 开发和迭代的平台，属于节能平台的"生产车间"；各种工业 App 应用则为具体承担节能作用的"生产工人"。然而，在现实应用中，部分企业在装载系统之后，仅仅停留在数据采集层面，未能实现数据赋能达到真正节能的效果。今后应重点关注如何快速实现数据赋能以缩短商用投资周期及拉长投资回报期，如何实现平台兼容与数据打通，将数据生产要素发挥极致？

三、AI 系统开发和运行成本普遍较高

随着 AI 技术的发展，AI 系统算力不断提升，由此带来的系统开发、数据存储、算法更新的成本也在迅速上升，成为 AI 系统应用于节能领域的掣肘因素。与此同时，算力提升带来的巨大的能源消耗同样不容小视，在高成本下权衡应用系统带来的节能优化与系统本身带来的耗能或成为中小企业部署 AI 节能系统的重要权衡。未来行业应当思考，如何实现 AI 开发与运行成本的节约化，如何快速训练 AI 使其广泛覆盖在千行百业，为多种应用场景节能减排做好"智慧大脑"？

四、大数据来源和科学性问题

大数据的来源十分多样，数据涉及的种类多而杂乱，很多数据会面临失真的问题。大数据环境下需要收集的是完整的信息，而在实际操作中收集到的很多有关生态环境治理问题的数据都是碎片化的、不完整的。而这种不完整

的数据不仅不能作为数据分析的依据,还可能造成误差,影响分析的结果。鉴于当前的生态保护政策和大数据产业的发展,数据来源受限,所持有的数据量也十分匮乏,分析问题时缺乏足够的数据源,难以支撑相关的研究。数据来源主要分为直接获得和间接获得。直接获得的数据准确性高、价值和意义更大,但目前的现实情况肯定难以通过直接获得来收集大量的数据,其势必要依赖如互联网、企业等间接的数据获取渠道。这些渠道会混淆数据的准确性,给数据的来源造成困扰。

五、大数据在气候风险治理方面存在短板

气候风险数据涉及各种各样的因素和数据信息,长三角地区涵盖的范围也比较广,生态环境也比较复杂,这就意味着需要大量的信息采集和数据处理工作,而且气候风险数据是一个随时更新的动量,因此对于大数据技术层面要求较高。而长三角区域目前对于大数据技术还处在发展阶段,很多的大数据技术需要调整和处于升级阶段,大数据技术还满足不了高水平层次的要求;并且我国是近年来才将大数据应用到气候风险治理领域,这也就意味着大数据在生态治理领域的短板更为明显,大数据技术和生态环境治理还没有很好地融合,难免会出现一些舛误,而这些舛误可能会给长三角生态绿色一体化发展造成负面影响,如果不能及时调整会带来很大麻烦,可能会造成政策执行偏差的问题。

六、过分依赖数据而忽略政策本身

将大数据技术应用到长三角生态一体化治理中是为了促进长三角地区的生态治理,转变当前传统的生态治理模式。也就是说,大数据技术只是起辅助作用,政策本身才是我们重点关注的。在实际操作中可能会出现过度依赖数据指标而忽略其他指标的现象,这就是所谓的数据独裁问题。大量的数据信息增加了我们的思维判断和价值选择的难度,使人在数据分析和

预测时颇为被动,不得不依赖冷冰冰的机器。但实质上政策是具有主观性和社会性的,政策的真正执行者也是人,机器永远不可能取代人,过分依赖数据可能会忽略政策本身。

第六节　区域产业布局尚未协同

一、传统高碳产业无序竞争态势依然存在

长三角区域是我国传统产业的重要基地,而石化、冶金、非金属制品等高耗能、高排放产业存在一定无序竞争,核心城市规划滞后明显,经济效率与世界级城市群存在差距。长三角地区 2018 年石化产业总营收为 38 866.24 亿元,占全国 26% 左右,沿江沿海集聚特征较明显。从省份层面看,江苏、浙江两省占长三角区域石化产业总营收 77.55%,与上海、安徽石化产业规模差距较显著。从长三角地区石油化工产业主营收入前 15 城市的数据分析,上海位居首位,苏州、宁波紧随其后,前 15 位的城市中,8 座为江苏城市,依次为苏州、南京、无锡、南通、常州、泰州、扬州、镇江;浙江有 5 座城市,依次为宁波、杭州、嘉兴、绍兴、湖州;安徽只有安庆 1 座城市入围。[1]

2018 年,金属冶炼行业是区域碳排放的重要来源。长三角地区金属冶炼行业营收占全国总额 19% 左右,其中江苏在长三角地区金属冶炼产业主营收入占比为 52.39%,其余三省市中安徽占比较高,为 22.22%,浙江、上海产业规模相对较小。由长三角地区金属冶炼产业主营收入前 15 城市的数据分析发现,江苏城市仍排名较前,有苏州、无锡、常州、南京、盐城、扬州、镇江 7 座城市排在主营收入前 15 名;浙江分别有宁波、杭州、绍兴、嘉兴 4 座城市排在主营收入前 15 名;安徽有铜陵、马鞍山、芜湖 3 座城市入围,江苏苏州、无锡分列第

---

[1] 张美星.长三角城市群重点工业发展与空间布局特征[R/OL].[2020 - 11 - 20].https://cyrdebr.sass.org.cn/2020/1120/c5524a99195/page.htm.

一、二位，领跑长三角地区金属冶炼行业，安徽铜陵与江苏常州紧随其后，主营收入规模均超过 2 000 亿元。[①]

非金属矿物制品既包括传统的水泥、石灰、石膏、玻璃等传统建材的制造，也包括玻璃纤维、石墨、半导体材料等具有一定技术含量的产品，是长三角区域的碳排放的重要来源。随着电子信息、新能源等行业快速发展，非金属矿物制品因其本身的独特性成为了优质的基础材料，在新兴领域发展的作用日益重要。2018 年长三角区域主要城市非金属制品产业主营收入总额为 7 990.38 亿元，占全国 16.5% 左右，其中江苏、浙江具有较大规模优势，区域占比分别为 39.64%、31.25%。在长三角地区非金属矿物制品产业主营收入前 15 位的城市中，江苏有苏州、南通、常州、无锡、盐城、南京 6 个城市入围；浙江有杭州、嘉兴、湖州、宁波、绍兴 5 个城市入围；安徽有芜湖、滁州、合肥 3 个城市入围。其中上海主营收入最高，为 679.76 亿元，苏州、杭州、南通分列第二、三、四位，主营收入均超过 500 亿元。[②]

二、"碳中和"对区域产业发展带来的挑战

碳中和目标的提出，重新塑造企业治理、战略、投资决策、内部管理、工艺流程等，迫切需要有新的商业思维和商业模式来支撑经济社会的变革。这包含两大维度：一是传统高耗能产业如钢铁、化工、造纸等产业的升级改造与技术提升；二是新兴产业如生态农业、清洁能源等产业的绿色投资与技术创新，而这将对煤化工、石油化工、炼钢、水泥制造和燃煤电厂的资产价值带来重构。

（一）"碳中和"目标倒逼区域产业发展理念向协同、绿色、零碳转型

"碳中和"将引发区域产业竞争格局重构。国内由于区域资源禀赋、发展

---

① 张美星.长三角城市群重点工业发展与空间布局特征[R/OL].[2020 - 11 - 20].https://cyrdebr.sass.org.cn/2020/1120/c5524a99195/page.htm.

② 同上。

水平各有差异,在国家区域协调发展战略背景下,国家不会对区域碳达峰年份"一刀切",长三角等经济发展水平较高地区将率先实现碳达峰、部署碳中和。上海市已经承诺确保在 2025 年前实现碳达峰,区域之间、企业之间的碳交易将成为常态。由此带来区域产业发展尤其是招商引资理念发生改变,除政策支持、土地空间、营商环境等因素外,碳排放量也成为重要因素,碳排放准入标准成为产业发展硬约束门槛。同时,区域之间更为合理的产业布局也将进一步成为减碳的重要路径。未来,围绕"碳中和"的产业链协同、创新链协同和标准制度规则的协同将成为区域协调发展的重要内容。①

(二)"碳中和"目标要求产业发展载体能够实现净零排放

在"碳中和"背景下,作为产业承载空间的园区、基地未来发展也将出现新的变化。从大的维度来讲,"碳中和"对产业发展,一方面体现在碳中和产业领域,另一方面体现在产业发展载体,园区成为实践"碳中和"的核心场景。结合"碳中和"的趋势要求,未来的园区将呈现以下几个方面的变化:园区本身的市场准入将结合"碳中和"要求重新谋划;园区本身基础设施、建筑材料、减排系统、循环设施布局都将面临新的标准要求;同时,园区内部就能够实现自我循环,达到"碳中和"要求的园区标杆。

三、长三角区域"碳中和"产业现状

碳中和产业是一个集合,而非一个具体行业,涉及人类生产生活的所有相关产业。由"碳中和"概念延伸,碳中和产业是指以实现产业"零碳"排放为目标,通过碳替代、碳减排、碳封存、碳循环等技术手段,减少碳源、增加碳汇的相关产业。根据零碳能源供给、传输、存储及零碳消费的关联度,碳中和产业大致可分为三大类:核心产业主要是在与碳排放、减碳直接相关,或者说关系最

---

① 李光辉.产业如何顺势而为、引领未来[N/OL].[2021 - 04 - 25].https://www.thepaper.cn/newsDetail_forward_12380399_1.

为紧密的领域,主要是能源生产端实现"零碳"排放的清洁能源产业,包括太阳能光伏、风能、氢能等新能源产业;关联产业是与核心产业或者是与能源各环节相关联的产业领域,主要包括新能源汽车、锂电池、特高压等关系"零碳"能源传输、存储、应用等相关领域,也包括高端服务业、新型都市工业等本身碳排放较少的行业领域;衍生产业主要指在"碳中和"背景下,有中生新、无中生有的新兴领域,包括合同能源管理、碳金融(交易)、碳监测、碳补给、碳技术集成服务等碳排放后端服务相关领域。①

(一) 江苏省是我国光伏产业的重要集聚区

长三角是中国光伏制造产业链最完整、产量最大、企业和从业人员最集聚的区域,尤其江苏省几乎占据中国光伏制造业半壁江山,素有"世界光伏看中国,中国光伏看江苏"美称。根据工信部发布的符合《光伏制造行业规范条件》企业名单,共 186 家企业上榜,长三角区域拥有 103 家,占比高达55.4%,江苏省和浙江省远超全国其他区域。其中,江苏省更是形成从硅料提取、硅锭制备、电池生产到系统应用于一体的完整产业链,集中了全国一半以上的重点光伏制造企业,多晶硅、硅片、电池片、组件等产量占全国比重均超过 40%。2020 年全球组件出货 top10,长三角占据 8 席,天合光能、协鑫能源等大多数企业已经成为制造、服务于一体的智慧能源集成服务商。②

(二) 长三角区域的风电制造企业及风电资源利用能力全国领先

根据《全球风电市场—供应侧报告》,全球风机制造商前 15 强中,有 8 家中国公司,其中长三角占 3 家,分别为远景能源、运达风电、上海电气,市场份额合计占全球份额 13.1%。③ 长三角集聚了恒润重工、振江股份、日月股份、泰

---

① 李光辉.产业如何顺势而为、引领未来[N/OL].[2021 – 04 – 25].https://www.thepaper.cn/newsDetail_forward_12380399_1.

② 同上。

③ 同上。

胜风能等一批上市企业,是全国风电制造领域上市企业数量最为集聚的区域。此外,全球第三大风机制造商新疆金风科技在无锡、盐城亦有布局。同时,长三角作为东部沿海地区,近海风能资源极为丰富,风电装机容量、风电利用小时数等指标在全国处于领先水平,上海电气海上风电市场占有率位居全国第一。可以看出,无论从风机制造领域还是风电利用领域在全国都具有较强竞争力。

(三) 长三角区域核电产业链较为完备

以上海为主的长三角区域奠定了我国核电事业的发展基础,作为中国大陆第一座 30 万千瓦核电站,1991 年杭州秦山核电站发电,结束了中国大陆无核电的历史,也使中国成为世界上第 7 个能够自行设计、自主建造核电站的国家,而秦山核电站是由上海承担主要设计,全部设备 70% 都是国产,主要设备一半来自上海。"华龙一号"是我国研发设计的具有完全自主知识产权的、世界领先的三代压水堆核电技术,上海电气、上海核工院等长三角机构是重点研发参与单位,"百年老店"上海电气也是国内唯一覆盖所有技术路线,拥有核岛和常规岛主设备、辅助设备、核电大锻件等完整产业链的核电装备制造集团,在核岛主设备的市场份额一直保持领先地位。此外,长三角还集聚了上海自动化仪表、应流股份、江苏神通、久立特材、纽威股份等细分领域龙头企业,中核集团上海总部及众多子公司亦落户上海。而被称为"人造太阳"的可控核聚变相关研发,长三角也走在了前沿,超导核聚变国家大科学装置落户合肥,中国科学院合肥物质科学研究院等离子体物理研究所是国际热核聚变实验堆计划(ITER)中国工作组重要单位之一。

(四) 新能源汽车产业发展处于核心引领地位

长三角是我国六大汽车产业集群区之一,聚集了 100 多个年工业产值超过 100 亿元的产业园区,有国内最大的汽车制造集团上汽、有国际新能源汽车龙头特斯拉、有本土新能源汽车龙头蔚来汽车、有国内民营造车的领头企业吉利汽车。而依托于传统汽车的完整产业链,新能源汽车成为各地发展热点,据统计,长三角集群的 30 个城市中,有超过 14 个城市拥有新能源汽车项目,新能源汽车销量占全国销量的半壁江山。在新能源汽车"三电"系统方面,集聚了国轩高科、中航锂电、上海电驱动、巨一自动化、联合汽车电子、苏州汇川等知名企业。此外,在氢燃料电池汽车方面,上海市应用推广效果最好,氢能源汽车应用示范数量全国第一,江苏和上海氢燃料电池相关企业数量位居全国第一、二位,长三角企业数量合计占全国比重高达 46%,上汽、上海神力、重塑能源科技、江苏氢能等知名企业已经纷纷布局。[①]

(五) 特高压技术及产品有较强市场竞争力

特高压被誉为"电力高速公路",也是智能电网的核心基础,在碳中和能源战略转型和产业调整中发挥着至关重要的作用。特高压技术为我国的西南地区大水电基地、西北地区的大煤电基地的电力向长三角区域外送提供了可能。长三角在特高压核心装备领域具有较强竞争力,其中,国电南瑞在核心设备换流阀市场份额超过 50%;思源电气作为民营企业,深耕电容器行业,其产品技术水平具有极强的市场竞争力。

(六) 碳中和技术服务业发展前景广阔

在"碳中和"背景下,碳金融、综合能源服务以及碳捕集、碳封存等碳中和技术服务业尚处于萌芽发展阶段,未来有望成为全新的蓝海市场。长三角现代服务业发达、人才优势明显,为碳中和相关技术服务业发展提供了良好条件。碳金融领域,上海是国内首批 7 个碳排放权交易试点地区之一,配额质押、碳基金、碳信托,以及借碳业务、碳远期产品等碳金融产品创新为全国提供了经验借鉴,同时上海还承建了全国碳排放交易系统。2020 年 7 月,

---

① 李光辉.产业如何顺势而为、引领未来[N/OL].[2021 - 04 - 25].https://www.thepaper.cn/newsDetail_forward_12380399_1.

上海市政府成为国家绿色发展基金的委托管理单位。此外,衢州和湖州作为国家绿色金融改革创新试验区,绿色金融发展水平在全国处于领先地位。综合能源服务领域,协鑫、远景等新能源企业凭借光伏、风电等领域优势已经深耕多年,阿里云、无锡混沌能源、浙江华云信息、朗坤智慧等互联网、软件纷纷进入综合能源管理平台市场,安徽苏滁现代产业园综合能源服务试点园区、江苏无锡红豆工业园综合能源服务项目、浙江滨海新区综合能源服务示范园等一批试点园区相继成立。碳监测领域,全国布局企业不多,长三角铜陵蓝盾光电、杭州聚光科技、上海谱尼测试、苏州天瑞仪器等企业已经提前布局。

四、长三角区域产业零碳转型面临的问题

(一) 长三角区域"碳中和"园区的整体战略框架尚不清晰

当前,长三角区域各地对"碳中和"园区的认识仍大多停留在概念层面,缺乏碳中和园区建设的整体框架、工作重点、实施步骤的具体规划。"碳中和"背景下,光伏、风机、新能源汽车、锂电池等新能源领域再次站在了投资的"风口浪尖"。如果把"碳中和"园区作为招商宣传的口号,缺乏从区域层面的园区定位和发展战略,那么地方政府就容易"千军万马一哄而上",竞相抢抓新能源企业和项目的招商引资,最终造成园区的重复建设和低效建设,园区的转型升级难以推进。

(二) "碳中和"园区的建设标准规范相对滞后

在碳中和导向下,标准规范的制定也有可能成为未来国际能源变革和技术创新话语权的争夺焦点。长三角区域承担着我国"双循环"战略支点和战略枢纽的作用,率先探索园区碳中和建设的标准和规范也是确保我国产业链和供应链安全的战略抓手。我国已经出台《行业类生态产业园区标准(试行)》《国家生态工业示范园区标准》《园区低碳工业园试点工作方案》,但多为行政

法规和部门规章,缺少法律层面的支撑,如:工信部制订的《国家低碳工业园区试点工作方案》侧重于工业发展,生态环境部牵头制订的《国家生态工业示范园区管理办法》侧重于环境治理与保护。鉴于现有分类管理体制,政出多门现象明显,园区落实标准规范也缺少强制性的监测和考评手段。① 另一方面,围绕"碳中和"的相关技术标准、应用规范等仍处于理论研究阶段,从制订标准到推广应用还需要一个较长的阶段。

(三)"碳排放"核算交易等相关法律规范缺失

碳排放的确权和核算直接关系到"碳中和"园区的建设效果评价。目前我国现行的法律规范尚未对碳排放权利进行明确界定,使得地方碳排放交易缺乏法律依据。同时,虽然我国已经根据国际 ISO 标准建立 24 个行业企业碳排放核算方法体系,但园区在国家统计体系中不是独立统计个体,由此导致以园区为主体的碳排放核算范围不一致,核算结果没有可比性。此外,在企业"碳排放"过程中,对于直接排放和间接排放的核算也存在难点,能否利用穿透式、可追溯技术手段,实现企业能源使用和碳排放的应统尽统,也是未来需要关注的方向。

(四)低碳技术研发和应用的整体水平有待提升

基于"碳中和"问题的复杂性和紧迫性,迫切需要以低碳技术创新突破作为引领,加快形成全面支撑我国实现碳达峰及碳中和目标技术体系。但从目前情况来看,一方面,我国低碳技术水平与"碳中和"园区高标准建设的需求还不匹配。针对脱碳、零碳、负排放技术供给不足的现状,仍需要在国家层面设立跨领域综合交叉的碳中和重大科技专项,提前做好技术研发供给侧结构调整,进一步明确碳中和技术需求,优化应对气候变化术研发布局。另一方面,新技术的推广和应用往往需要巨大的费用投入,特别是对于"碳中和"而言。

①　张舒恺.园区打好碳中和"硬仗"的战略路径[N/OL].[2021 - 04 - 29]. https://www.thepaper.cn/newsDetail_forward_12457685.

从企业角度看,低碳技术应用的成本与企业生产效益的提升可能并不呈正比,仅从环境保护和社会责任角度去推动该项工作难度又相对较大,如何建立产学研一体化的成果转化机制、建立约束与激励相结合的应用推广机制,都需要进一步统筹谋划。

第三篇　区域生态绿色一体化发展的国际经验

在碳中和视角下，国际上一些区域已经将零碳目标融入区域的开发之中，形成了具有示范意义的零碳技术的推广和应用模式，为区域的生态绿色一体化发展提供了案例范本。本篇从气候变化适应、零碳目标的设定、区域电力市场的构建、气候变化与大气污染的协同治理、大数据在气候风险防范中的应用、可再生能源发展政策等领域进行了介绍和分析，希望能够为长三角区域生态绿色一体化发展提供经验借鉴。

第七章　区域生态绿色一体化发展的
国际经验及启示

当前世界的主要城市群大多分布在湾区或湖区,是气候风险敏感和脆弱的区域,因而在应对气候变化方面,积累了一系列的经验。当前一些国际城市已经在应对气候变化方面形成了系统的方法,甚至一些城市提出要建设零碳城市的目标。长三角区域是当前世界六大城市群之一,长三角区域三省一市应该学习国际其他城市的应对气候变化的经验,协同提高应对气候变化的能力。

第一节　三角洲城市基于自然的
气候变化适应方案

三角洲城市也是在气候变化适应和准备方面的开拓城市,它们有良好的实践,并与全球类似城市共享经验。共享挑战和习得的经验、政策和基础设施解决方案、研究和数据,以及彼此讨论技术和金融合作以分享更好的城市气候变化适应方案,这些做法都特别有用。许多三角洲城市都在采用一些硬件和软件基础设施技术方案作为其气候变化适应措施的一部分。

一、城市主要的气候变化适应方案

气候适应方案有助于减轻自然灾害和因气候变化而加剧的灾害,例如洪水和风暴潮。一些三角洲城市探索了诸多可缓解灾害的影响,提高居民、项目和生态系统韧性的气候适应方案。这些气候适应方案大幅减少生命损失、伤害、受影响人数,以及对关键卫生与教育设施等社会服务的干扰,在支持社区适应不断变化气候的同时,还为当地带来积极的经济、社会环境协同效益。

(一) 泵送、管道和蓄水

泵送、管道和蓄水基础设施以及经过改善的排水系统是关键的适应技术,在暴雨事件或洪灾期间不受泛洪影响。这些系统对三角洲城市而言尤其重要。有些三角洲城市可能位于海平面以下,即使没有暴风潮和洪水事件也要对水进行管理。雅加达,是一个典型的例子,该市发生地面沉降,需要将水和废水泵送至天然水道然后排入海中。同样,香港也采用泵送、管道和蓄水系统管理雨水并鼓励市内蓄集雨水。而鹿特丹和其他荷兰城市几个世纪以来也一直使用水泵对泽地进行排水(位于海平面以下的土地排水用于城市和农业用水)。

(二) 防波堤和防水屏障

天然防水屏障(海岸沙丘、天然围堰)可以由人造永久性防洪墙(围堰、堤坝和超级堤坝)以及临时暴风潮屏障来防止河海洪灾。永久性防洪墙施工需要考虑历史上和当前的洪水趋势,而且还要考虑未来的海平面上升以及和气候变化相关的极端天气事件的高频率。干旱等其他因素也有可能削弱堤坝结构。此外,灵活的风暴潮屏障要求综合成本效益分析以及理想的保护高层和效果研究,同时考虑港口关闭对城市经济的潜在影响。

防波堤及防水屏障技术已经在全球许多大城市成功应用。威尼斯开发出了一种灵活的综合暴风潮屏障系统(MOSE),将威尼斯的泻湖和大海在高潮汐时隔离开,同时又能通过创新的锁紧系统确保持续的港口活动。鹿特丹和伦敦除了修建和加固永久性堤坝外,还分别修建了灵活的马仕朗大坝和英伦之障来保护城市不受暴风潮侵害。东京在河岸上修建了一批结实而宽阔的超级堤坝,坡度更小的堤坝(或围堰)让城市可以在屏障顶部进行开发,而且公众可以直接进入滨江休闲区。

(三) 绿—蓝基础设施

绿—蓝基础设施采用自然环境(植被、土壤和自然生态系统过程)对水资源进行管理,并实现其他环境和社会效益。采用树木和植被的绿色基础设施不仅具有直接的调适和温室气体吸收效果,而且还能提供很多综合效益。绿—蓝基础设施有利于加固沿海保护屏障(即沙丘和海滩),蓄水(即湖泊和流域),并在大海和城市居住区(即红树林、湿地)之间提供一道屏障,从而降低海岸风险。而且它还有利于减缓或储存雨水径流(即绿—蓝走廊、生态湿地、绿化屋顶),补偿地下水位(即可渗透绿色区)和降低热岛效应(即公园和其他绿色公共区域)。许多城市采用一种很受欢迎的蓝色基础设施,称为"水广场",这是一种多功能区域,可以作为城市公共区、运动公园或旱季时的休闲区以及暴雨时的紧急集水系统。例如,鹿特丹的"水广场"和哥本哈根的 Taasinge 广场。其他的绿色基础设施元素都在整合到许多城市的适应性计划中,即:纽约绿色基础设施计划、新奥尔良城市水资源计划、哥本哈根圣凯尔社区和日本街景改善项目。香港地区最近也在其政策方案中加入了"复兴水体"的理念,承诺在未来发展中加强绿—蓝基础设施的利用。

(四) 防洪

防洪的主要目标是减少或避免洪水对构筑物的冲击。主要的防洪措施有两种:湿/洪适应措施(让洪水迅速通过构筑物以最小程度降低结构损害,采用抗洪损害的材料并提升重要建筑物),干/洪抗洪措施(在预计高度内让建筑物无懈可击)。除了对房屋防洪外,针对城市范围也要采取措施,如改善排水、按照水广场和地下蓄水、沿路生态湿地、绿化屋面和浮动式社区,以及地下和其他交通基础设施关键服务系统的隔热等。这些措施对位于堤坝或其他防水屏障之外或容易遭因海平面上升,这对在暴风潮期间遭受洪灾的三角洲城市区域尤为重要。就洪灾而言,需要采取更多结构性适应措施,包括建筑物标高方面的工作。促进防洪措施的城市包括鹿特丹、哥本哈根和纽约。虽然防洪关注的主要是个体财产,而且这是市政府可能很少有直接控制权的区域,防洪有着减少损害和损失的高度潜力,而且可以通过加强建筑标准、提升房东意识和其他宣教活动得以解决。

(五) 组织方法

除了以上列出的解决方案外,三角洲城市还可以考虑组织性或软基础设施方法制订气候变化适应和长期适应规划,其中包括:成立负责解决气候变化和长期规划的中心协调机构确保稳健的方法;跨政府机构的调适规划主流化和整合化;提高大型社区对气候变化适应的意识和参与(包括居民和企业),以促进风险意识、包容性和共同责任感;明确指出、通知以及鼓励或强制非政府机构分担气候变化适应的责任(即私有财产业主和私营部门);确保计划灵活性以反映固有的不确定性;建立冗余系统(即在系统内创造备用产能和多样性,以确保在突然冲击下能调整混乱并促成故障保护)。

二、城市适应气候变化的典型应用案例

全球城市增长和城市化进程加快,在提高许多人生活质量的同时,一些城市却面临着适应气候变化的危机,导致城市生活环境的退化,居民财产和健康受到威胁。国际上一些城市通过探索合理的城市规划方案,完善城市绿色基础设施,在应对气候风险方面探索了值得推广的国际经验。

（一）以城市气候适应能力建设推动城市规划转型

曼海姆市将城市绿化和适应气候变化纳入该市的可持续发展长期战略中。坐落于德国西南部的曼海姆市是德国最温暖的地方之一，长年面临热浪、暴雨和风暴的袭击。作为一个工业城市，过去的曼海姆在经济上被制造业所主导，曼海姆已经开始向绿色、可持续和气候中立的未来过渡。曼海姆高度重视公民的福祉、社会团结和保护自然资源。在《曼海姆2030年城市使命声明》（Mission Statement Mannheim 2030）中，城市绿化、气候保护和适应以及17个可持续发展目标（SDG）的本地化目标被列为城市的官方目标。"曼海姆2030年的气候紧急计划"（Climate Urgency Plan in the Mannheim 2030）不仅侧重于减少二氧化碳，而且高度重视城市绿化和适应气候变化。因此，为将新鲜空气引入市区，达成天然降温的效果，曼海姆市积极推进绿化密封区域和棕地的工作，以填补城市绿化带的断层和空缺。例如，曼海姆正在进行的一个项目是绿化Spinelli兵营区（Spinelli Barracks Area），在那里，两年一度的德国联邦园艺展将举行。届时，该地区所有公园和沃格尔斯坦湖（Vogelstang Lake）将通过一个新的开放空间连接起来，并永久融入新的绿色东北走廊。为使行动的成效最大化，该市还启动了"曼海姆制造绿色空间"（Mannheim Makes Room for Green）倡议，在社区层级动员市民们团结起来、共同行动。通过公众教育培训，让市民了解绿色花园可为提升地方气候韧性所作出的贡献，并鼓励居民在自家前院种植绿色植物、打造花园空间，或在可能的情况下，进一步绿化屋顶和房屋外墙。通过这些行动，曼海姆也获得了更佳的空气质量和更紧密的社区凝聚力。

（二）将绿色基础设施融入城市发展历程

汉堡市拥有190万人口，是德国第二大城市，也是欧盟第七大城市。回顾其1920—2007年的城市发展，该城市一直受到快速城市化和城市增长的巨大压力，就像世界上许多其他城市和地区一样。德国汉堡市较早提出了以综合且环保的方式推进城市发展，自20世纪20年代首次提出"绿色基础设施"的概念以来,在过去100年间投入了大量心力,该市逐步调整了土地利用结构。截至2018年,汉堡土地23%用于农业、22%用于住房、19%用于包括娱乐区在内的绿地、9%用于工业。积极建设和扩展该市的"汉堡绿色网络"(Green Network of Hamburg)。该网络包含了三个要素:12个由市中心延伸至外围郊区的绿轴、长达100公里的绿色内环,以及散布在城市各处的绿色公园与娱乐休闲空间。为保护并确保这些城市绿色空间的可持续性,汉堡市特别开发了融资工具Naturcent,通过向位于高生态价值地区进行的开发项目征收生态补偿金,并将该资金投入支持城市绿色空间的生态维护工作。截至2020年,Naturcent平均每年可收取约300万欧元的资金,用于城市绿化工作。同时,鉴于屋顶绿化改造可带来的巨大潜力,汉堡市更是在2014年通过其"屋顶绿化战略"(Hamburg Green Roof Strategy)筹集资金,为市民提供培训和财政支持,提升住宅和工业建筑安装绿色屋顶和外墙的比率。考虑到从2023年起,太阳能屋顶将成为城市建筑的强制性要求,欧盟委员会正在积极促进太阳能电池板和绿色屋顶的结合,汉堡希望未来在附近采取类似的方法。

(三) 以水环境韧性规划积极应对气候风险

新加坡是世界上人口最密集的国家之一,2020年人口达到5 686万,土地面积是719.1平方公里,海岸线总长200余公里;新加坡地势起伏和缓,其西部和中部地区由丘陵地构成,大多数被树林覆盖,东部以及沿海地带都是平原,全国由60多个岛屿组成,最大的三个外岛为裕廊岛、德光岛和乌敏岛,海拔不超过5米。虽然新加坡四面环海,雨量充沛,由于新加坡国土面积较小,没有合适的地方来储存雨水,并且早期新加坡完全没有办法对雨水进行收集再利用,导致新加坡成为一个不折不扣的缺水国家,人均水资源量曾经是全球倒数第二位。

在气候变化背景下,雨洪灾害和海平面上升导致的海岸线侵蚀成为威胁水安全的主要问题,保护海岸线与减轻洪水风险是2019版新加坡总体规划中建设韧性城市的重要举措。① 新加坡政府采用长期规划和实施方法来应对气候变化的威胁,包括海平面上升。2019 年,新加坡总理李显龙将该国对待气候变化的严肃态度描述为"生死攸关"。政府估计,在未来几十年中,需要花费 750 亿美元用于海岸保护,约占该国 GDP 的 20%。政府已责成新加坡公共事务局(PUB)领导和协调政府保护这些沿海地区的所有努力。该机构正在努力确保新加坡不会成为现代亚特兰蒂斯——柏拉图著作里描述的著名的沉没城市。PUB 的首要任务是开发一个综合的沿海内陆洪水模型。这将使它能够模拟内陆强降雨和极端沿海事件的最坏影响。PUB 期望其洪水模型成为洪水风险管理、适应规划、工程设计和洪水响应的关键风险评估工具。PUB 对不同地段进行了海岸线保护研究。第一项研究开始于 2021 年 5 月,沿着城市东海岸,覆盖 57.8 公里的海岸线。为了应对海岸线侵蚀,新加坡以海岸线建设适宜性评价研究为依据,制定长期的海岸线保护计划:其中硬质工程以增强海岸抵御力为目的,如建设大量用于保护海岸线的基础设施,包括防波堤、土丘、护岸、海墙、防洪闸门和泵站等。

对于淡水水库及相关水泵等关乎水资源供应的关键设施,新加坡建造防洪堤坝并将泵房设施置于其保护之中。而软质工程以养护修复等更为环保可持续的方式为主,如国家公园局(NParks)致力于研究红树林的保护方法,对重要湿地及自然岛屿设立保护区,防止红树林栖息地减退,保护自然岸线免受侵蚀,维持自然岸线的生态防护功能。

面对气候变化背景下强季风降水引发的洪水灾害,新加坡迫切地需要建设一套能够保证全年稳定且水量充足的水资源调蓄系统,克服气候因素带来的降水量波动对供水系统的冲击,雨水收集主要从全岛集水区收集降雨,雨水经由排水沟、水道、河流引入 17 个蓄水池进行储存。规划部门将雨洪集水排水过程分为源头—路径—受体三个阶段,即在源头上降低地面雨水径流速,在路径上提高排水输送能力,在受体上约束雨流去向,

① 陈天,石川淼,王高远.气候变化背景下的城市水环境韧性规划研究——以新加坡为例[J].国际城市规划,2021,36(05):52-60.

保护可能受其影响的区域,从而有序地收集雨洪、减轻灾害,储存并再利用雨洪水资源而采取的措施。目前新加坡有 2/3 的国土面积属于集水区,成为世界上少数大规模收集城市雨水用作供水来源的国家之一,其核心策略包括:充分收集每一滴可利用的水资源,如结合土地利用设置大量集水区和雨水收集池;充分循环利用水资源,如在集水区内实施雨污分离,中后期较洁净的雨水处理后就近输送至水库,初期雨水及生活污水循环再生或外排入海。

第二节　提出具有雄心的区域零碳目标

《巴黎协定》提出"为实现 1.5℃温升目标,21 世纪下半叶必须实现温室气体的人为排放源与碳吸收汇之间的平衡",也即实现净零排放。这意味着世界范围内必须在 2045—2060 年实现向净零排放转型。从国家战略层面来看,《联合国气候变化框架公约》(简称《公约》)秘书处要求各缔约方在 2020 年提交长期战略;而欧盟理事会正式通过决议,并于 2020 年 3 月 5 日向《公约》秘书处提交了《欧盟及其成员国长期温室气体低排放发展战略》,承诺欧盟将于2050 年前实现气候中性(净零碳排放)。

一、城市零碳目标的内涵

城市是经济、能源和排放的综合体,由于经济发展方式具有"路径依赖"的特征,如果不进行科学合理的规划,产业经济很容易锁定在化石燃料能源体系中,因此零碳城市建设路径研究的重点在于能源规划。在当前全球零碳城市在实现全球温升目标设定中,存在碳中性(Carbon neutrality)、气候中性(Climate neutrality)、化石燃料自由(fossil free)、能源独立(energy independence)、100％可再生能源(100％renewable)等多种长期目标。Davis,

Steven J[①] 认为零排放目标的内涵有 4 项内容：能源和工业过程的 CO_2 净排放为零（包含 CCS 的运用）、碳中和（年度能源使用和土地利用变化的碳排放和碳汇的综合为零）、零碳排放、气候中性（温室气体的净排放为零）。Rogelj, et.al.认为碳中和和全面脱碳都不意味着每个部门都是零碳排放。[②] 碳中和也不意味着完全脱碳，因为剩余的能源和与工业有关的碳排放可以通过造林和再造林实现的二氧化碳清除来补偿。全面脱碳仍然可能意味着能源和工业碳排放总量有剩余部分，只要是负排放（例如生物质利用结合 CCS-BECCS）能弥补即可（见表 7-1）。

表 7-1 碳排放定义和零排放概念一览

概　　念	含　　义	公　式	指　标　含　义
全球经济全面脱碳（Full Decarbonization of the global economy）	每年来自能源和工业过程的 CO_2 排放量在全球范围内为零	$IC=E-CCS$	E：按能源和工业过程每年产生的 CO_2 CCS：CO_2 年捕获量和地质储量 IC：能源和工业过程每年排放的 CO_2
碳中和（carbon neutrality）	全球经济的碳中性意味着全球范围内每年的 CO_2 排放总量为零。这一概念涵盖了所有的人为碳排放来源，包括能源、工业过程和土地使用排放过程。碳中和可以作为科学术语即净零碳排放的同义词；对于由于人类活动而排放的每剩余吨 CO_2，正好有一吨 CO_2 由于（其他）人类活动而从大气中被清除	$E=FFC+BFC+IA-BFU$ $NC=IC+LS-LR$	FFC：化石燃料燃烧产生的年度 CO_2（在应用 CCS 之前） BFC：生物燃料燃烧产生的年度 CO_2（在应用 CCS 之前） IA：每年产工业活动（例如，水泥生产）生的 CO_2 BFU：生物燃料生产期间每年吸收 CO_2。 LS：土地利用变化和林业产生的年度 CO_2 排放量 LR：土地利用变化和林业产生年度 CO_2 吸收量（排除 BFU） NC：年度 CO_2 净排放

① Davis, S.J., et al. Net-zero emissions energy systems[J]. *Science*, 2018. 360 (6396): p. eaas9793.

② Rogelj, J., Luderer, G. et al. Energy system transformations for limiting end-of-century warming to below 1.5℃[J]. *Nature Climate Change*, 2015, 5 (6), 519e527.

（续表）

概　念	含　义	公　式	指　标　含　义
每个部门都零碳排放（没有净限定词）Zero carbon emissions everywhere	是一个更假设的概念，在IPCC的所有报告中都没有这种情景。人类系统包括土地使用系统似乎不太可能在任何地方减少到零排放	$E=0$；$FFC=0$；$BFC=0$；$IA=0$；$LS=0$	
气候中性或温室气体净零排放量（Climate neutrality）	在全球范围内，它被定义为"以不产生净温室气体排放的方式生活"（环境署，2008年）。因此，从科学角度讲，这相当于实现温室气体净零排放。全球温室气体净零排放被视为全球京都温室气体排放总量（方法）成为净零的点，这意味着任何剩余的 CO_2 和非 CO_2 排放（例如甲烷或氧化亚氮；以 CO_2 当量单位表示）由 CO_2 的负排放补偿	$NGHG=NC+EGHG$；$NGHG=0$	EGHG：京都议定书中非 CO_2 温室气体的年排放 CO_2 当量 NGHG：年度京都议定书温室气体净排放当量

资料来源：Rogelj（2015）。[1]

二、地方政府支持国家迈向碳中和目标

（一）日本长野县

长期致力于气候行动的长野县政府，是日本首批正式宣布进入气候紧急状态的地方政府之一。2019 年秋季，超强台风海贝思（Hagibis）袭击日本关东地区，造成严重洪涝灾情和财产损失，迫使长野县政府进一步正视气候危机议题。长野县，拥有壮丽的高山景观和丰富的自然资源，近年来积极致力于提升

---

[1] Rogelj, J., Luderer, G. et al. Energy system transformations for limiting end-of-century warming to below 1.5℃[J]. *Nature Climate Change*, 2015, 5 (6), 519e527.

可再生能源效率,并通过区域合作,将当地生产的水电送往东京和大阪等人口密集的大城市。截至 2018 年,长野县当地的能源市场基本已实现了电力自给自足(98%)。其中,可再生能源的用量更是 2010 年的 13 倍。为了在 2050 年实现碳中和,长野县也已评估出该县须再降低能源消耗总量的 17%,并持续通过社区主导的可再生能源项目,使其生产量提升至当前的 3 倍。

2019 年 12 月于西班牙马德里举行的 COP25 期间,28 个日本地方政府在环境大臣小泉进次郎的见证下,正式承诺将实现 2050 年净零排放的目标。2020 年 5 月,日本环境省又公布了新一批作出净零排放承诺的 63 个地方政府,使该国承诺以 2050 年为目标实现净零排放的城市/都道府县总数上升至 91 个。2020 年 8 月,日本全国知事会"零碳社会"(Zero Carbon Society)项目主席长野县知事阿部守一,携手其他 34 个都道府县共同编撰了一套紧急建议,提交给日本环境省、资源能源局、经济产业省和内阁官房,呼吁政府积极领导应对气候变化的工作,对实现温室气体净零排放作出承诺。2020 年 10 月 26 日,新任首相菅义伟在发表首次施政演说时正式宣布,将调整原本以减少 80% 温室气体排放量的目标,全力争取在 2050 年实现碳中和。在 2021 年气候领导人峰会上,日本首相菅义伟表示,日本将在 2030 年前将温室气体排放量较 2013 年的水平降低 46%,远高于之前 26% 的目标,并在 2050 年之前实现碳中和的目标,将寻求减少对化石燃料的依赖,并向太阳能和风能等再生能源转变。

(二) 韩国水原市

水原市市长廉泰英长期致力于汇聚韩国地方政府的力量,在敦促中央政府提升气候雄心的同时,更是以身作则,在地方层级开展各种应对气候危机的行动。事实上,召集韩国地方政府领袖共同作出《气候紧急状态联合宣言》的人,正是身兼韩国全国市长协会会长的廉泰英市长。水原市早在 2011 年就已定下了将在 2030 年前,相比 2005 年减少 40% 温室气体排放量的自主减排目标,并每年定期通过 CDP—宜可城的信息披露系统汇报当地的气候数据。另外,水原市也在 2018 年完成提交了气候行动计划,获得《全球气候和能源市长盟约》(Global Covenant of Mayors for Climate & Energy)所颁发的认证。基于多年来进行核算与披露所收集而来的数据,水原市已完成了面向 2050 年的净零排放战略,更期望该战略可成为其他韩国地方政府学习借鉴的模范。

为在 2050 年完成碳中和,地处内陆地区、拥有约 123 万居民的水原市计划将通过能源转换等方式,在未来 30 年内减少 80％的温室气体排放量,而其余的 20％则将通过多种碳汇项目予以抵消。考虑到本地的条件和需求,水原市的净零排放战略包含了建设氢气能源供应装置、通过阶段性模式广泛传递符合生态环境的概念,以及可持续发展城市整合政策等内容。

而为在零碳排放战略下实现 2050 年能源总消耗量减半的雄心目标,水原市自 2020 年起已开始对其公共部门实施零耗能建筑的强制性措施,并通过为老旧建筑改善保温隔热性能、汰换门窗等方式,提升建筑能效。另外,水原市也将争取在 2050 年年底前,将全市的汽柴油车汰换为电动或氢动力汽车。最后,为使该市的能源自主率提升至 80％,水原市也将持续开发和扩展新能源、可再生能源和焚烧厂燃烧余热发电等措施,逐步淘汰化石燃料。

在 2020 年 6 月的世界环境日上,226 个韩国地方政府联合发布了《大韩民国地方政府气候紧急状态宣言》,承诺将在应对气候紧急状态的过程中,扮演积极主动的角色,并紧接着于 7 月初,由 80 个地方政府共同成立了"韩国地方政府碳中和行动联盟"(Korean Local Governments' Action Alliance),疾呼以 2050 年实现碳中和为目标,在全国各地开展行动。在地方政府的推波助澜下,韩国国会于 2020 年 9 月下旬以超党派高达 98％的赞成率通过了《气候危机紧急宣言决议》,而总统文在寅更进一步在 10 月 28 日的国会施政演说中正式宣誓,韩国将争取在 2050 年完成碳中和。

(三) 丹麦哥本哈根

哥本哈根是一个非常成功的绿色都市榜样,在适应气候变化、绿色流动性和宜居性方面都非常成功,还开拓性地努力扩大公私合营的生态创新与可持续就业。哥本哈根的气候目标是 2015 年比 2005 年减少 20％的二氧化碳排放量,2025 年实现碳中和。其中 75％的二氧化碳减排量来自能源供应,可再生能源替代传统能源是减排最主要的办法。具体的能源供应计划包括用可再生能源(生物质)取代煤产电;以可再生能源(风能)为基础构建一个新的热电联产站给哥本哈根直接供电;扩大示范地热设施,地热采暖增加 6 倍;垃圾焚烧厂引入烟气冷凝装置提高供热效率;区域供热网现代化,以减少管道的热损失。①

交通不是二氧化碳减排的最大领域,但与人们的健康最密切,通过努力,2015 年的行人交通量比 2010 年增加 20％,2015 年自行车通勤率是 35％(自行车上班出行占总上班出行的比例),2025 年将达到 50％以上。哥本哈根的自行车道路网络四通八达,政府在行车时间、安全性和舒适性上做了大量细致的工作,在行车道路设计上甚至考虑了天气的影响,试图创造出世界上最好的自行车城市。首先从基础建设、信息提供和管理力量多方面努力缩短行车时间,如:建设了自行车高速公路(首都地区有航线网络),单向街道的合流分流小捷径总共 200—400 条、5—8 座桥梁、隧道大捷径,信息智能化比如自行车道用绿色波浪标志,推广电动自行车,提供最佳路线信息(标识、GPS 解决方案),在学校周围等区域降低汽车的限速,加强自行车和公共交通的衔接,包括自行车共享计划和在车站建设更好的停车设施,注重信号和超车的行为,必要时增加警力来改变车流,等等。提高安全性方面,设立了绿色自行车路线,重新设计交叉口(汽车停车线后移,增加标识自行车),拓宽有瓶颈的道路,新增 30—40 公里自行车道路和车道,拓宽 10—30 公里一般自行车轨道,在较宽的繁忙道路画出车道,设立自行车和公共汽车专用街道,建设通往学校的更安全路线,举行与行车行为相关的活动,还在哥本哈根各学校开设交通政策课程,等等。在提高骑车的舒适性方面也做了很多努力,比如:平整自行车道上的沥

---

①　王芬娟,胡国权.欧洲绿色城市建设经验和启示:应对气候变化报告(2017)[R].北京:社会科学文献出版社,2017.

青,改进积雪清除和清扫,建设自行车停车场(基础设施建设,发展合作伙伴,收集废弃自行车),发展自行车设施和信息相关工作场所和教育机构的伙伴关系,为人们停车、更衣室、自行车修理等提供更好的条件,不断开发代客停车,鹅卵石表面处理等新产品,等等。

哥本哈根把适应气候变化当成建设一个更具吸引力的大城市的机会,在所有城市发展项目中,气候安全是可持续性规划的必要组成部分。正如与其他大城市一样,哥本哈根也在不断发展,不断有建筑物新建或翻新,开放的空间被转换为娱乐区、街区整体化修建等。每一次对某一特定地区的新道路、建筑物或运输可能性做出决定时,重点都必须放在气候和环境要求上。城市规划已经整合了气候挑战,致力于创造未来的碳中性地区。新城市规划方面注重宜居性,日常居民公共设施(如精品店、学校、绿地等)在步行范围就近设计,火车站附近设计便捷节能的公共交通,建造或翻新的建筑物必须是低能耗绿色的,屋顶上的草和外墙上的植物可以使房屋冬暖夏凉,同时也增添城市美感。所有新城市开发区都被指定为低能耗区,节能标准最为严格,市政府将强制执行低能耗要求。为了实现哥本哈根2015年碳中性的愿景,所有的市政计划必须确保创建社区是用最小的运输和能源需求,市政府将建立试点地区,满足额外的要求。

三、对长三角区域碳中和的启示

日、韩的经验显示,在两国政府宣布明确的碳中和时间表的背后,地方政府也发挥了相当关键的作用。通过综合考量当地具体需求和条件,它们不仅在地方层级开展因地制宜的应对气候行动、在地方政府间的进行交流与团结合作,更能为中央政府提供有力的支持,代表国家在履行国际环境承诺方面扮演领导角色。

日本长野县和韩国水原市,分别在两国的地方政府领袖间起带头作用,汇聚同行者力量,不断增强提升国家自主贡献目标和应对气候行动的势头;在具体实施中,长野县和水原市各有着截然不同的自然、地理、经济、社会和人文风貌,在迈向 2050 年实现碳中和的路上,势必也将面临不同的问题和挑战。但可以确定的是,他们将继续带着雄心壮志,迎战气候变化,实现环境正义。

哥本哈根作为全球气候行动解决方案的领军城市,在应对气候变化方面积累了大量的成功经验。然而作为丹麦的首都,哥本哈根目前的总人口只有130 多万,而且哥本哈根已经完成城镇化,城市功能和布局已经基本定型。考虑到长三角区域的大多数地级城市在人口规模上明显大于哥本哈根,而且绝大多数城市仍处于城镇化的阶段,哥本哈根的碳中和实践经验不可以完全照搬。

当前,我国的情况与日、韩不同。我国已经在国家层面提出了碳中和目标,而地方城市尚未有明确提出碳中和目标。因此,长三角区域作为我国经济发达的区域,可以在全国率先探索具有领导力的碳中和目标。长三角区域 41城市可以通过打造"长三角区域碳中和行动联盟",疾呼以 2060 年前实现碳中和为目标,在全国率先开展行动。

第三节　建设区域电力交易市场

随着能源清洁低碳转型的持续推进和人工智能、区块链、边缘计算等数字化新技术的融合应用,电力系统的结构和技术特征正在发生深刻改变。如何通过体制机制的创新来提升电力市场的灵活性和包容性、促进清洁能源的大范围消纳和高效利用、确保电力的安全可持续供应,成为世界各国关注的焦点。

一、欧盟建设电力交易市场的历程及特征

20 世纪 80 年代末—90 年代,随着煤炭、原子能、石油等领域合作程度的

不断提高,电力和天然气逐渐成为欧洲能源一体化的焦点问题;随后,便开展了欧盟统一电力市场的建设。综合分析欧盟统一电力市场发展历程,大致可分为三个阶段。

(一) 初步试点阶段

1990 年,北欧 5 国跨国电力交易日益频繁,初步实现区域能源共享和互补。1996 年,欧盟加强成员国电力改革的指导,发布了关于放宽电力市场的第一个指令,即电力市场可以采取不同的业务模式,允许电力公司纵向一体化发展,但发电、输电和配电业务必须实行财务分离。以第一个指令为起点,欧盟各成员国的电力市场化改革开始在统一框架下全面展开,市场化改革步伐加快。2000 年,北欧电力交易所(Nord Pool)成立,北欧成为世界第一个跨国电力市场,为欧洲跨国电力市场发展打下基础。

(二) 广泛互联和日前市场耦合阶段

2000 年,欧洲一体化电力市场以北欧为基础,在欧盟容量与阻塞管理(CACM)等指导性文件的引导下逐步扩大区域电网跨国互联范围。2003 年欧盟发布了第二个指令,该指令以促进欧洲统一电力市场建设为核心目标,进一步深化电力市场自由化,要求到 2007 年 7 月 1 日前,所有用户都有权自由选择供电商;指令还要求输电、配电业务须从垂直一体化电力企业中实行法律分离,成立独立的子公司并对发电商和用户实行无歧视的开放;输、配环节电价由政府和监管机构确定,防止一体化电力企业的垄断行为、不公平竞争和交叉补贴。

2011 年欧盟新一轮电力改革法案(The Electricity Directive,2009/72/EC)正式生效。新的能源法案包括三项核心内容:一是进一步保障电网独立运营,促进跨国联网,保证欧盟内部电力企业及外部企业更公平的竞争,促进欧盟统一电力市场建设;二是建立更加有力、更加独立的电力监管机构,加强成员国之间的合作;三是完善对消费者的保护措施。2015 年,实现基于欧洲区域电网互联的电力市场日前交易联合出清。

（三）深入合作和日内市场耦合

2015 年 2 月,在日前市场联合出清的基础上,北欧电力交易所联合欧洲电力现货交易所、意大利能源交易所、伊利比亚半岛电力交易所(OMIE)及 12 个国家输电网运营商(TSO)共同启动了欧洲电力市场的一体化建设。2018 年 6 月,欧洲电力市场运营商与输电系统运营商共同宣布,欧洲跨境日内市场成功上线运行,并于次日进行了首次跨境电力交易与电力传输。

二、美国 PJM 电力市场

PJMINT.,L.L.C.(简称 PJM)始于 1927 年,当时 3 家公用事业公司通过互联实现收益和效率,以共享其发电资源,形成了世界上第一个持续的电力池(Power Poll)。PJM 于 1993 年开始向一个独立、中立的组织过渡,当时成立了 PJM 互联协会来管理电力池。1997 年,PJM 成为一个完全独立的组织。当时,向非公用事业部门开放了成员资格,并选出了一个独立的管理委员会。1997 年 4 月 1 日,PJM 首次以投标为基础的能源市场开业。同年晚些时候,联邦能源监管委员会(FERC)批准 PJM 为美国第一个功能齐全的独立系统运营商(ISO)。ISO 运行但不拥有传输系统,以便为非实用用户提供对电网的开放访问。后来,FERC 鼓励成立区域输电组织(RTOs),在多州地区运营输电系统,并推动具有竞争力的电力批发市场的发展。PJM 于 2002 年成为美国第一个功能齐全的 RTO。2002—2005 年,PJM 将一些公用传输系统整合到其运营中。2011 年,美国输电系统公司、第一能源的附属传输公司和克利夫兰公共电力的传输子公司被整合到 PJM 中。2012 年,杜克能源俄亥俄州和杜克能源肯塔基州加入 PJM;2013 年,东肯塔基州电力合作社并入 PJM。这些整合扩大了可用于满足消费者电力需求的资源的数量和多样性,并增加了 PJM 电力批发市场的好处。当前,PJM 通过特拉华州、伊利诺伊州、印第安纳州、肯塔基州、马里兰州、密歇根州、新泽西州、北卡罗来纳州、俄亥俄州、宾夕法尼亚州、田纳西州、弗吉尼亚州、西弗吉尼亚州和哥伦比亚特区的所有或部分的电力互联来协调区域电力的流动。[1]

PJM 互联委员会是 PJM 模式的组成部分,为成员们提供了一个积极完善和改进 PJM 规则、政策和流程的论坛。总的来说,它们促进了 PJM 推进积极变革的能力。PJM 的两个高级委员会是成员委员会和市场及可靠性委员会。成员委员会就有关 PJM 控制区安全可靠运作,建立及运作一个稳健、有竞争力及非歧视性的电力市场,以及确保任何会员或成员团体不会对 PJM 的运作产生不当影响等事宜,向 PJM 提供意见和建议。市场及可靠性委员会按照运营协议的规定向成员委员会报告。这些委员会向高级委员会报告。有 3 个常设委员会,即市场执行委员会、运营委员会、规划委员会,这些委员会是永久性的。

PJM 的用户组是由任何 5 个或 5 个以上投票成员组成的利益相关者群体,他们对于其认为尚未通过标准利益相关者流程解决其满意的项目有共同利益。在问题通过标准利益相关者流程并失败之前,不允许组建用户群。会员仅限于形成成员,只要他们可以邀请其他成员加入用户组。用户团体可以自行开会,利用 PJM 的协助,并可根据需要直接向成员委员会和经理委员会提交提案。

PJM 通过系统计划和竞争批发市场的运作基本上保证了充足的电力供应。市场提供了一个强大的工具,以低成本吸引新一代技术的投资,并通过提供财政激励和鼓励竞争,在需要时提供电力来支持可靠性。支持充足供应的 PJM 市场是容量市场、能量市场和辅助服务市场。每个市场都有一个独立的功能,但都要共同努力,为实现充足供应所需的资源提供适当的价格信号和收入。PJM 的容量市场管理,也叫可靠性定价模型(RPM),通过竞争性拍卖促进可靠的容量资源,以提前 3 年满足系统可靠性。拍卖允许新资源和现有资源参与,并提供远期价格信号,支持在系统上的资源有效地交易。PJM 使用设定结算价格的倾斜需求曲线,确保服务实体,包括当地电力公司、有竞争力的

---

[1] PJM-PJM History, https://pjm.com/about-pjm/who-we-are/pjm-history.

供应商和公共电力的拍卖能力。PJM的能量市场可确保电力能够满足实时市场和日前市场的消费者需求。它是PJM市场中最大的一个市场，通常占批发电力成本的60%左右。日前市场和实时市场都专注于以最低的成本采购电力，以满足消费者的需求。能量市场的价格是基于位置边际定价的概念。PJM的辅助服务市场为监管机构和几个备用产品提供运营。通过各种市场出清过程，将能源、储备和监管的承诺协同优化，以找到最经济的资源集来满足综合需求。PJM的储备市场为提供各种经营储备的资源提供了补偿。准确的预测使PJM能够决定如何以可靠的方式规划和运营电网，以及如何有效地管理有竞争力的电力市场。PJM的工程师和操作员使用各种工具和数据源为该系统进行计划，并预测消费者在近期和长期内都将使用多少电力。简单地说，可靠运行保持散装电力系统安全和服务负载，并且始终是PJM的首要任务。可靠的电力供应对当地经济和6 500万美国人的健康和福祉都至关重要。

三、日本的"地域循环共生"网络

能源消费是城市温室气体排放的主要来源，但多数城市却难以单靠当地生产的可再生能源，维持城市的运作。特别是在经历了2011年大地震和海啸引发的福岛核电站反应堆融化泄漏事故之后，日本社会不仅始终难以突破碳锁定效应的困境，甚至对化石燃料产生了更高的依赖性。然而，日本城市并未被动地等待指示，而是选择以"再设计"的方式，探索运用当地可再生能源，维持城市系统运作的可能性。不同于传统的大规模可再生能源发电站，循环经济举措不仅寻求善用可再生能源，更强调通过实现社会的共同利益和可持续经济，以激发社会活力。例如，通过重新设计城市与周边地区的合作模式，加强可再生能源资源丰富和匮乏地区间的联系，可有效提升可再生能源的利用效率，助力城市朝零碳的目标迈进。拥有丰富水电资源，特别是来自春季融化雪水的长野县，通过跨区域合作项目，将当地生产的水电贩售给位于东京世田谷区的幼儿园，并将项目收益再次投入当地的可再生能源产业开发。世田谷区是东京都特别行政区中面积第二大、人口数最多的行政区,当地的电力需求庞大,可再生能源资源却十分有限。在与长野县的跨区域合作框架下,世田谷区的 42 座幼儿园通过丸红新电力株式会社(Marubeni Power Retail Cooperation)和其协力厂商 Minden 购买长野县高远水电站(Takato Dam)和奥裾花水电站(Okususobana Dam)生产的水电。不仅如此,幼儿园的学童更有机会实地参访位于长野县的水力发电厂,认识它们所使用的电力的生产过程。日本第二大城横滨市也采取了类似的做法。为尽早实现成为零碳城市的目标,横滨市与日本东北地区 12 个具备高可再生能源潜力的县市保持着密切合作。这些地区的可再生能源潜力是横滨市能源需求的 4 倍。跨区域的合作,不仅为横滨市的脱碳目标作出重大贡献,更有助于日本东北地区的经济发展。

四、国际电力交易市场建设对我国的启示

北欧、美国等国外电力市场建设相对成熟,但仍面临可再生能源占比不断扩大的挑战,通过对国外电力市场的研究分析可总结出以下发展趋势:在时间上,建立了贴近实际运行状况的市场体系及交易机制,交易周期不断缩短;在空间上,加速构建跨区跨国大范围电力市场,充分利用了区域间电源结构互济、负荷特性互补的优势;市场主体不断丰富,储能等需求侧资源逐步参与市场;市场价格信号进一步精确化,从而适应可再生能源带来的波动性;容量机制及电力辅助服务也在不断探索和优化中,以保证发电充裕度和系统运行安全,并进一步促进可再生能源消纳。

当前国际社会形成了四种可再生能源参与电力市场的制度:一是固定电价制度。电网企业有义务以政府制定的价格购买可再生能源发电商生产的全部电量,其具有强制上网、优先购买、固定上网电价、电价分摊等特点;二是招投标制度。招投标制度是由政府发标并管制竞争性招标的过程,通过与可再生能源电力供应商签订长期购电协议实现目标;三是绿色电价制度。电力公

司通过开展绿色电价项目,向用户提供一项可以选择的服务,鼓励用户支持电力公司加大对可再生能源技术方面的投资;四是配额制度。配额制度是指一个国家用法律形式对可再生能源发电在电力供给总量中所占的份额进行强制性规定,是一个以市场为基础的、公正的、不需要政府进行大量资金筹集和管理的政策模式。

国外可再生能源参与市场交易模式因电力交易市场的不同而不同。其中,北欧电力市场与风电比较相关的是日前现货市场、日内小时级市场与平衡市场。美国电力市场大多基于日前期货市场和实时现货市场的双结算体系,在中部电力市场得克萨斯州电力市场、加利福尼亚州电力市场以及纽约州电力市场中,可再生能源发电商均可直接参与现货市场交易。在 PJM 市场中,风电商要求必须参与日前市场竞价。

我国区域电力市场建设将以三种市场模式来建设。其中,统一平衡的集中式区域现货市场由多个区域实体组成,各个区域主体在唯一的交易机构中采用唯一的市场规则进行交易,并由唯一的区域调度进行统一平衡;分区平衡的联合式区域现货市场是多个不同模式现货市场的组合,各个现货市场内可以分别使用不同的市场模式和交易品种,以市场成员公认的市场规约为基础,以调度配合机制,交易时序分工、数据通信接口规范等措施紧密衔接;[1]跨省跨区增量现货市场适用于大规模可再生能源在省内无法完全消纳的区域现货市场。在我国,国家电网已经开展了跨区域省间可再生能源增量现货交易试点。

第四节　将气候变化与大气污染协同治理

应对气候变化和治理空气污染在科学机理、目标指标、应对措施、综合效益和治理体系等方面都具有高度的协同效应。气候变化直接导致的近地面气

---

① 梁志飞,陈玮,张志翔,丁军策.南方区域电力现货市场建设模式及路径探讨[J].电力系统自动化,2017,41(24):16−21,66.

温上升和极端天气气候事件增加等问题对空气污染变化有显著影响;空气污染也与局地降水、温度和风速的瞬时到年际变化紧密相关。东亚冬季风、厄尔尼诺、北极海冰、欧亚积雪及关键区海温等大尺度气候因子异常亦会通过调整东亚大气环流影响我国空气污染的发生发展。[①] CO_2 与大气污染物存在排放的同源性和控制措施的同效性。气候减缓政策可以促进能源结构优化和化石能源消费下降,在降低碳排放的同时显著减少大气污染物的排放和减少污染治理成本,并带来可观的健康协同效益。政策制定过程中优先考虑减少化石燃料使用的协同减排措施,是实现减污降碳协同增效的主要途径。

气候变化对人群健康的直接影响,是指气候变化直接通过风暴、干旱、洪水和热浪等灾害所造成的健康影响,间接影响则指气候变化通过影响水质、空气质量、土地利用、生态环境等因素间接造成的健康影响。上述气候变化的表现形式都将通过人群不同的社会状况(如年龄、性别、健康状况等)对人群产生不同的健康影响,如心理疾病、营养不良、过敏、心血管疾病、传染病、伤病、呼吸系统疾病和中毒等。[②]

气候变化还通过影响空气质量对人群健康的影响。空气污染给全球带来了沉重的疾病负担,因此各国都在积极减少大气污染物的排放,但却较少关注气候变化对空气质量的影响。事实上,气候变化对空气质量发挥着多维度的影响。气候条件不仅可通过改变温度、湿度、风速和引发自然灾害(如森林火灾、火山爆发等)来影响污染物的浓度,还可与污染物发生交互作用,增强污染物对健康的影响。研究发现,在气候变化的影响下,大气静稳状态可能会增加和延长,导致大气中的污染物无法扩散而大量堆积,造成严重的空气污染。有学者对中国的研究预测,在 RCP4.5 的条件下,假设中国未来污染物排放和人口保持不变,到 21 世纪中叶,气候变化将使中国人口加权的 $PM_{2.5}$ 和臭氧的浓度分别增加 3% 和 4%,这两者的增加所导致的死亡人数则分别增加 12 100 人

① 中国碳中和与清洁空气协同路径年度报告工作组.中国碳中和与清洁空气协同路径(2021)[R].中国清洁空气政策伙伴关系:北京,2021.
② 刘钊,蔡闻佳,宫鹏.气候变化对人群健康的影响及其应对策略:应对气候变化报告(2019)[R].北京:社会科学文献出版社,2019.

和8 900人,同时超过85％的中国人所生活环境的空气质量会受到气候变化的不利影响。

加纳和墨西哥的案例表明,对短寿命气候污染物和温室气体的综合评估能够减少联合排放,而挪威的案例则强调了综合评估在识别双赢和输赢局面中的作用。量化的公共健康影响是采取行动的关键动力,而芬兰这样的空气污染排放量相对较低的国家也是如此;英国的案例表明,要关注政策措施的分配效应,尤其要关注对社会经济弱势群体造成的负担。对于芬兰和挪威而言,北极地区容易受到黑碳和其他污染物排放的影响,这种脆弱性是协调气候变化和防治空气污染行动的关键动力。挪威的案例表明,评估不同时间尺度的政策影响的重要性。跨部门或政府全面行动对实现持续有效的协同治理至关重要。

将气候变化和大气污染协同治理有助于提高政策的成本效益和协调性,既节约公共资金,又提高了政策成功的概率。通过对气候变化和空气污染措施的综合分析和效果跟踪,能够得出双赢或赢输的解决方案。此外,此类分析还能识别出减排措施的多重效益,包括:防止由于信息不完备而做出错误决策,帮助社会大众、企业和政策制定者建立对减排措施的信心并支持这些措施,合理分配财政、技术和人力资源,说服政府官员采取果断而迅速的行动,等等。

第五节　大数据在气候风险防范
方面的国际经验

对企业来说,气候风险通常可以分为两大类:转型风险和实体风险。转型风险是指转型至低碳经济引发的相关风险。在向低碳经济转型的过程中,政策、法律、技术和市场可能出现重大变化,从而导致企业承担不同程度和类型的风险,包括政策与法律风险、技术风险、市场风险和商誉风险。实体风险是指气候变化对企业造成实际影响的风险。气候变化带来的实体风险可能是由于短期内的突发事件,如洪水、飓风等造成的风险,也可能是气候的长期变化带来的风险。实体风险可能会对企业资产造成直接的财务损失,也可能造成间接影响,如全球供应链中断、能源稀缺等。AI、大数据、云计算、物联网(IoT)、数字孪生、安全技术、区块链等数字技术创新,目前正呈指数级发展,加速应用在节能环保、清洁生产、清洁能源、生态农业、绿色基础设施等领域,成为企业应对气候风险的最核心的驱动力量。

数字技术有助于解决数据准确性和真实性问题。例如,如果数据足够庞大,而且海量数据中存在主要叙述,那么单独数据点的质量控制就可能不是那么重要。鉴于数据必须协调一致,因此,AI系统能够在梳理有效的主要数据叙述方面发挥重要作用。The Weather Company是全球最准的天气预报IBM旗下的世界领先天气服务提供商。The Weather Company每天向全球20多亿台设备发送超250亿份天气预报。人工智能是帮助气象学家理解卫星、地面传感器、雷达等产生的数以十亿计的非结构化天气数据点的关键工具。借助IBM先进的机器学习算法和计算能力,The Weather Company的气象学家可以利用这些数据模拟大气状况,更准确地发布天气预报。这不仅对于消费者获得天气信息至关重要,而且通过IBM Watson Advertising,市场营销人员可以利用AI分析做好各项天气状况的应对准备。目前,IBM及其旗下的The Weather Company因其预报准确度比调研中排名第二的天气服务提供商高出3.5倍,被全球评估天气预报准确性的首要组织ForecastWatch评为"全球预报最准的天气服务提供商"。

企业在向低碳经济转型的过程中,需要充分利用数据和洞察,实现有效的市场机制以及更精确的监管、政策和干预。碳排放数据来源多种多样,比如传感器、卫星成像、民众和当地社区的照片和报告等,因此必须制定流程和标准,以整合数据并验证数据真实性。物联网(IoT)及AI技术,以前所未有的细颗粒度,实时捕获碳排放的结构化和非结构化数据,并对数据进行高级分析、提取价值,从而相对准确地评估目前的碳排放总量、影响最大的碳排放来源以及

类型。为实现《巴黎协定》的目标——将全球变暖控制在低于工业化前水平
2℃（最好是1.5℃）内，石油和天然气公司，尤其是大型国际公司，正面临越来
越大的节能减排压力。该领域很多大公司都制定了碳减排目标，比如英国石
油公司和荷兰皇家壳牌公司都誓言到2050年实现净零碳排放，而美国埃克森
美孚石油公司重点关注更温和的短期气候目标，比如到2025年将其上游业务
的温室气体排放量比2016年降低15％—20％。大多数油气企业高管都意识
到了数字化带来的成果。普华永道思略特2020年对油气企业开展的数字化
运营研究显示，行业领导者预计，在未来五年内，由于产量增加和项目启动时
间缩短，数字化应用平均将带来10％的收入增长；此外，由于运营效率提高，数
字化应用将使成本降低8.5％。尽管潜力得到公认，但油气行业的数字化革命
尚未完全实现。在参与调研的200多家油气企业中，只有7％的受访对象是
"数字化冠军"，即"在市场上定位清晰，通过多个层面的数字化交互，为企业内
部、合作伙伴和客户提供复杂的、量身定制的解决方案"的企业。超过七成的
受访对象认为自己所在企业的数字化仍处于成熟的早期阶段。

　　领先企业现在使用数字技术，将气候挑战转化为重要的商业机遇。在全
球气候风险日益凸显的背景下，数字化业务平台不断涌现，通过以前所未有的
方式支持协作和共同创造，以降低经济参与者之间的交易成本，推动创新，让
气候目标实现内化，使价值创造过程更充分地反映真实的环境成本和收益。
挪威公司Yara推出了一个全球数字化农业平台，该平台应用人工智能、机器
学习、田间数据和天气数据，为农民提供新的洞察，帮助他们以可持续的方式
提高作物产量。该平台帮助将农场与整个食品供应链连接起来，支持从农场
到餐桌的整体食品生产开发。企业设计智能化工作流程，通过这些基于AI的
全面流程定义企业的客户体验和员工体验，取代过去那种效率低下的孤岛式
业务流程。这为提高效率带来了前所未有的机遇，同时也有助于满足环境目
标。位于加州的E&J Gallo酒庄致力于运用AI改善灌溉，节约用水。E&J
Gallo酒庄在自己的葡萄园安装了传感器以及分析模型，旨在实现精准灌溉。
他们增加了机器学习能力，使模型能够随着时间的推移不断适应，变得更加智

能。在过去,像长期干旱或洪水这样的事件需要人类干预,评估实地情况,并根据这些新数据调整灌溉模式。通过结合卫星图像和机器学习的数据,Gallo能够创建智能灌溉系统,以一种情境化、超本地、自动化和自我调整的方式输送水分。他们在三年内减少了 25% 的用水量,同时还提高了葡萄酒的质量。

第六节 国际可再生能源发展的政策经验

从已有的发展经验来看,有效的激励政策对于可再生能源发展至关重要。截至 2019 年年底,全球有 172 个国家制订了一项或多项支持可再生能源的激励政策。[①] 目前全球范围内主要的可再生能源相关政策包括以下三类。

一、电价和补贴政策

根据本国国情和可再生能源发展阶段不同,可再生能源电价和补贴政策的具体形式包括固定上网电价(Feed-in-Tariff,FiT)、差价合约(Contracts for Difference,CfD)、净计量电价(Net Metering)、招标/竞拍机制(Tendering/Auction)。其中,固定上网电价和净计量电价政策有效地推动了可再生能源的规模化发展,差价合约和招标机制则促进了电价的快速降低。电价和补贴政策是支持可再生能源快速发展的关键激励政策。

(一) 固定上网电价

在可再生能源发展的初步阶段,各国多采用固定上网电价政策,即按照各类可再生能源的发电成本,明确规定其上网价格,并由电网企业向发电企业按此标准进行支付。固定上网电价与电力市场价格之间的差额由补贴部分补

---

① 水电水利规划设计总院.中国可再生能源国际合作报告 2019[R/OL].[2020-7-6].http://111.207.175.230/ewebeditor/uploadfile/20200706160410750001.pdf.

齐。截至 2019 年年底，全球有 113 个国家或地区实施可再生能源上网电价政策。实行固定上网电价政策的代表性国家是德国，其早期对海上风电采用固定电价补贴方式，从 2017 年将补贴机制调整为竞价机制。

(二) 差价合约

在开展电力市场化交易的国家，交易方通过签订长期的差价合同，并商定合同期内固定的"执行电"(Strike Price)以获得稳定的电力价格水平。具体执行方式为，差价合约中的可再生能源发电企业通过电力市场出售电力，然后获得电力市场价格与执行价格之间的差价支付。当电力市场价格高于执行价格时，发电企业需返还价差；当电力市场价格低于执行价格时，发电企业可获取价差补偿。此价格机制为可再生能源电力提供了有效、稳定、长期的支持，同时对投资者在项目收益方面给予了更大的确定性，从而降低了项目的融资成本和风险。英国《能源法案》(2013)中的电力市场改革的内容之一即引入了差价合约(CfD)制度，旨在通过提供稳定和可预测的价格机制，减轻投资者在投资可再生能源等低碳技术上的价格风险，以达到激励投资的目的。该政策于 2014 年 4 月启动，并与 2015 年 2 月通过竞价实现了首次 CfD 分配。政策执行之初，英国政府通过对发电技术、市场条件、政策环境等因素的考虑评估出发电项目的均化成本，并以此来设定执行电价。差价合同机制可以降低可再生能源发电投资商的最低预期资本回报率以及电力购买协议风险水平，同时有助于减轻政府对于政策成本的财务负担。

(三) 净电量计量机制

该政策实际上是一种电价结算政策，主要针对用户端的分布式发电项目，其中以"自发自用、余电上网"的分布式光伏为代表。通过安装可以反转的双向电流表实现净电量计量，在发电高峰向电网输送多余电量，在用电高峰从电网获得电力供应，最后采用净电流核算电费。在此政策下，发电项目所发电量与从电网购买的电量相互抵消，年终以"净电量"结算，若购电量大于发电量，用户只需向电网支付净用电量;若购电量小于发电量,则电网公司将支付电费给用户。采用净计量方式基本不产生额外成本,在有余电上网的情况下,可提高系统收益,是一项鼓励用户端应用绿色能源项目的激励政策。净电量计量机制下,相当于按照电力最终用户的销售电价确定可再生能源电价,并且通过谷段电量与峰段电量的等价置换,获得隐形补贴。截至 2019 年年底,全球有70 个国家实施了可再生能源净电量计量机制。在美国 50 个州中,有 43 个州和华盛顿特区采用了净计量电价政策。该政策不仅适用于家庭,还适用于自发自用型的商业设施、工厂及学校等应用范围。对于光伏发电系统设定规模上限,如超过则不适用此项电价政策,如加州上限设定为 1 000 kW。用全部发电量收购制度因各州和电力公司而异,如加州对于家庭光伏系统剩余电力不会立即支付费用,而是将剩余电量转入下个月;若下个月的用电量超过发电量,则用上月的剩余电力抵消;到系统设置 12 个月后,仍有剩余电力的,则可以选择转入下个月或被政府收购。

(四) 竞拍机制

竞拍多数应用于技术较为成熟的可再生能源发电形式上,在消除恶性竞争的情况下,竞拍机制能较好地挖掘可再生能源发电的价格潜力,有效促进成本下降。竞拍机制还可以根据需要进行个性化设计,以达到特定的政策目的。以光伏为例,竞拍项目对产品或附加储能有一定的要求。印度政府要求参与项目竞拍的投标者至少 50% 的光伏组件由本国生产。截至 2019 年年底,全球有 109 个国家实施过可再生能源竞拍机制,而且这个数字有望进一步增加。光伏平均竞拍价下降趋势最为明显,且竞拍规模增大。在一些太阳能资源丰富的地区,如中东地区的阿联酋阿布扎比,2020 年最新的光伏电站中标电价已经低至 1.35 美分/千瓦时,为全球最低。招标机制对于海上风电成本和价格的下降也产生了重要影响。2019 年英国海上风电竞拍价格降至 0.039—0.042英镑/千瓦时。2017 年德国海上风电首次出现零补贴中标项目,该项目将在2024 年投产运营。

二、税收激励政策

财税政策是国家实施宏观调控的重要手段。从全球已开展可再生能源税收激励政策的国家情况来看,主要集中于对设备生产、投资、环保等方面的税收减免和抵扣。对可再生能源项目有针对性地提供税收优惠和激励政策,可以起到吸引更多的项目投资,扩大可再生能源发展规模的作用。

美国可再生能源税收激励政策实行效果最好。政府通过对风能、太阳能、生物质能等提供税收抵免的鼓励政策来支持非化石能源的发展,其中以生产税收抵免(Production Tax Credit,PTC)和投资税收抵免(Investment Tax Credit,ITC)为主。PTC 自 1992 年开始实施,由合格的可再生能源设备生产并输送到电网的电力(以每千瓦时计)都可以获得抵免优惠。抵免期限一般为设备正式投产后的前 10 年。PTC 对于美国的可再生能源,特别是风电的增长和发展起到了重要作用,是美国风电项目开发的关键驱动因素之一。ITC 政策制定于 2005 年的《能源政策法案》,按照规定,项目建成的第一年即可得到投资额 30% 的税收抵免,有助于抵消项目的前期投资,对于前期开发和建设资金投入密集型的可再生能源提供了有力的经济激励。美国光伏项目一直受到 ITC 政策的巨大帮助,已成为美国发展最快的可再生能源。

三、强制配额制政策

可再生能源的强制配额制度是指利用法律形式,强制规定可再生能源在总发电量中的占比,并要求电力公司进行收购,如未能完成配额要求则需承担相应的法律责任。该政策需配以可再生能源证书制度共同执行,在提高可再生能源发电比例方面起到了良好的激励作用。当前,可再生能源配额制在美国、英国、澳大利亚和日本等得到广泛应用。

美国是第一个实施可再生能源配额制(Renewable Portfolio Standard,

RPS)的国家,也是执行效果较为成功的国家。该政策自 20 世纪 90 年代在美国各州开始陆续实施,电力供应商按照各州的计划提供特定的最低份额的可再生能源电力(通常包括风能、太阳能、生物质、地热等)。电力供应商可以通过运营可再生能源发电设备或通过购买可再生能源配额证书(Renewable Energy Certificate,REC)完成配额任务。

目前,美国有 29 个州和华盛顿特区实施 RPS,根据各州的资源条件和发展方向规定特定的可再生能源目标,将具体生产、交易方式等交给市场调配,由政府来制定相关标准、交易、核查和处罚条款。RPS 将过去主要依赖财政支持发展可再生能源的路线转向了由政府管制下的市场机制发展,为大规模发展可再生能源创造了条件。

第七节　对长三角区域协同应对气候变化的启示

长三角区域在气候韧性基础设施方面应该完善共建共享机制。针对长三角区域人口密度大、经济集中度高、未来气候风险高的特点,构建长三角区域优质生活圈气候资源承载力与环境评价标准体系,提升城市应急保障服务能力,提高极端天气气候事件抗御能力。建设气候适应型城市,降低应对区域气候变化所带来风险,积极探索出符合长三角区域实际的城市群适应气候变化建设管理模式,提高应对气候变化的韧性,发挥引领和示范作用。加强管理和绩效评估,确保海绵设施投入后能真正发挥作用,切实降低暴雨对城市的冲击。加强气候科学传播和应对气候变化宣传,逐渐形成以"节约资源、保护气候"为基本特色的城市标签,大力增强社会防灾减灾意识和应对气候变化意识,从文化氛围和社会风气角度为应对气候变化提供保障。

长三角区域应该构建碳中和目标管理体系。长三角区域保含三省一市的41 个城市,各城市在实现碳中和目标方面面临的任务和挑战各不相同,因而需要从长三角区域层面统筹碳中和目标。首先,长三角区域应该明确提出一个中长期应对气候变化的总体目标。这个总体目标旨在指导长三角区域内城市结合自身实际制定合理的碳中和路径。而上海市、江苏省、浙江省和安徽省应该将将应对气候变化与我国的社会主义现代化强国战略结合起来,通过将碳中和目标纳入各自省份的"十四五"时期、2035年和2050年的总体规划,并积极试点零碳解决方案,为本省碳中和目标实现探索可复制可推广的政策。

长三角区域应该利用区域性电力交易市场推动能源低碳转型。欧盟、美国、日本等发达国家和地区的实践表明,电力市场化交易有助于可再生能源的大规模消纳,是一种可以借鉴的市场政策工具。实现碳中和目标,未来长三角区域的电力来源将以零碳电力为主,而可再生电力和核电将是最主要的形式。因而构建长三角区域层面的电力交易市场,不仅有助于推动我国电力交易市场体系的完善,还是探索长三角区域碳中和路径的重要政策工具。作为中国经济发展水平较高的区域之一,长三角区域应该学习电力交易市场在发达国家区域一体化进程中的发展历程,早日构建区域电力市场,推动区域资源配置效率的提升。

长三角区域应该加强气候变化和大气污染的协同控制。虽然目前发达国家已经基本告别了空气重污染天气,但发达国家城市在大气污染治理方面的经验表明,大气污染和应对气候变化是同根同源的,将大气污染治理与应对气候变化工作协同起来,可以实现协同效益。长三角区域41个城市中,一些城市已经实现空气质量完全达标,但还有一些城市仍面临着空气污染的困扰。碳中和导向下,长三角区域各城市面临着空气质量改善和减缓温室气体排放的双重任务,应将应对气候变化与大气污染防治工作协同起来,推动实现减污降碳协同增效。

长三角区域应加强数字技术在推动气候治理模式创新中的应用。国际社会的先进经验表明,数字技术正在帮助建立新型环境治理模式,而私营企业与政府机构作为合作伙伴,可以携手应对气候危机。企业通过应用快速发展的数字化技术,可以实现对气候风险的精准识别。企业还可以利用数字技术,构建可持续的业务平台,通过降低经济参与者之间的交易成本,克服气候变化带来的成本增加。企业还可以利用数字技术打造绿色智能化工作流程,在应对气候变化的同时,实现积极的成效。公共机构、私营企业和非营利组织通过利用数字化技术,增强气候治理的透明度,进而推动完善碳定价机制。因此,长三角区域应积极探索数字技术在实现碳中和目标中的应用场景,推进长三角区域气候治理智慧转型。

长三角区域应该重视区域可再生能源一体化发展机制的建立与完善。国际社会的经验表明,电价和补贴、税收激励及强制配额是三种促进可再生能源发展的可行政策机制。碳中和导向下,长三角区域协同应对气候变化,亟须加强目前的可再生能源开发程度,综合运用税收、价格和强制配额等多种政策,完善可再生能源开发的激励机制。长三角区域要通过构建一体化的规则、制度和标准体系,打破四省市之间的行政壁垒,实现可再生能源开发利用的区域协同。

第八章 空气质量改善的
国际经验及启示

2020 年 9 月,习近平总书记在联合国大会一般性辩论上宣布中国的"双碳"目标之后,生态环境部提出将以"减污降碳协同增效"为总抓手,加快推动从末端治理向源头治理转变,通过应对气候变化降低碳排放,进而从根本上解决环境污染问题,推动高质量发展。减污降碳协同增效有其深刻的理论依据,是国际社会多年来治理空气污染的经验总结,也是未来全球多数国家实现碳中和的重要策略。本章通过对国际社会空气质量改善历程的的回顾,空气质量健康风险的防范措施的对比总结,以及跨境大气污染协同监管经验的总结,旨在为长三角区域探索空气质量达标提供可资借鉴的政策措施。

第一节 空气质量改善是一场结构性变革

一、相关地区空气质量改善历程

目前长三角区域总体的空气质量尚不满足 WHO - Ⅰ 水平,影响长三角空气质量达致 WHO - Ⅲ 目标的关键污染物为 $PM_{2.5}$ 和 O_3。以 $PM_{2.5}$ 和 O_3 为重点,对已达致更低浓度水平的国家和地区的空气质量改善历程进行分析,为长三角达致 WHO-Ⅲ的分阶段改善目标策略制订提供参考。

(一) 相关地区 PM₂.₅改善历程

通过对世界 200 多个国家和地区 2010—2017 年的 $PM_{2.5}$ 浓度历史变化进行分析,当 $PM_{2.5}$ 浓度水平在 25—35 $\mu g/m^3$ 时,大多数国家 $PM_{2.5}$ 的年均改善幅度在 1.5%—4%之间,平均改善幅度约 2.8%,与长三角近年来的改善速率相当(2016—2019 年,长三角为 3.8%)(见图 8-1)。

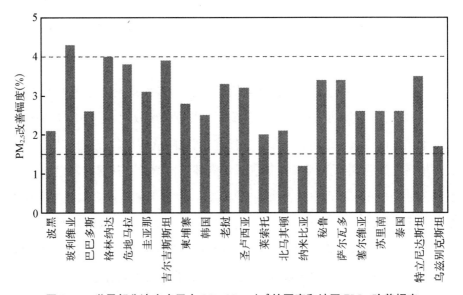

图 8-1　世界部分浓度水平在 25—35 $\mu g/m^3$ 的国家和地区 PM₂.₅改善幅度

资料来源:广东省环境科学研究院.珠三角地区空气质量达到 WHO-Ⅲ水平的中长期战略研究 [R/OL]. 中国能源基金会: 2020. https://www. efchina. org/Reports-zh/report-cemp-20200413-zh? set_language=zh.

已有研究表明,在 $PM_{2.5}$ 浓度较高的时期,更易实现浓度的快速下降,但随着 $PM_{2.5}$ 浓度的降低,污染排放削减的难度逐渐加大,$PM_{2.5}$ 浓度的下降难度也增加。但通过数据收集和分析发现,部分发达国家和地区在较低浓度下依然可以保持较高的逐年改善速率,如:东京湾区,$PM_{2.5}$ 浓度从 2002 年的 25 $\mu g/m^3$ 降至 2010 年的 15 $\mu g/m^3$,年均下降 6.2%;美国 $PM_{2.5}$ 浓度水平在 15—25 $\mu g/m^3$ 的州,$PM_{2.5}$ 年均浓度的改善幅度在 2.8%—10.0%,平均改善幅度为 5.5%(见

表8-1);旧金山和纽约湾区 PM$_{2.5}$ 达致 WHO-Ⅲ 水平后仍能保持 2.6%—3.4% 的年均降幅。

表8-1 　　　　　　　　　　　美国部分州 PM$_{2.5}$ 改善幅度

州	年　　份	PM$_{2.5}$年均浓度变化范围（$\mu g/m^3$）	PM$_{2.5}$年均改善幅度（%）
马里兰	1988—2002	26.3～15.0	3.9
纽约	1988—1996	23.0～14.2	5.9
俄勒冈	1988—1996	26.0～13.4	9.1
西弗吉尼亚	1988—2003	24.7～14.9	3.3
佐治亚	1988—1996	24.5～14.3	6.5
北卡罗莱纳	1988—1995	21.3～14.6	5.3
俄亥俄	1989—2003	22.9～14.9	3.1
宾夕法尼亚	1988—1999	20.1～14.8	2.8
罗德岛	1988—1992	17.0～14.8	3.5
弗吉尼亚	1988—1992	19.1～14.5	6.7
威斯康星	1988—1991	19.2～14.0	10.0

注：其中 1989 年之前的 PM$_{2.5}$ 数据由 PM$_{10}$ 推算。
资料来源：EPA。

（二）相关地区 O$_3$ 改善历程

相较于 PM$_{2.5}$，O$_3$ 的治理历程更为漫长。从国际大气污染防治历程来看，O$_3$ 污染问题是一个比 PM$_{2.5}$ 更早发生且更难解决的大气环境问题，亚洲的日本和韩国 O$_3$-8 h 第 90 百分位数一直呈缓慢上升态势，欧美的加拿大、德国、法国、英国、西班牙和荷兰近 10 年 O$_3$ 也未能得到进一步改善。但从美国的治理经验看，尽管旧金山湾区和纽约湾区的 O$_3$ 在进入下降通道前用了至少 20 余年，但最终 O$_3$ 的浓度还是得到了控制，说明这两个地区 O$_3$ 的治理措施是有效的，也说明 O$_3$ 污染是可控的。

二、典型地区空气质量改善历程中结构调整历程

从前文分析中可以看到,东京都的 $PM_{2.5}$ 浓度从 2001 年的 30 $\mu g/m^3$ 左右降至 2011 年的 15 $\mu g/m^3$ 左右,即在 10 年间由长三角现有的浓度水平达致 WHO-Ⅲ目标。这里,着重对这期间产业、交通和能源等领域结构调整发生的变化进行分析,以期为长三角实现 WHO-Ⅲ 的策略提供参考。

2001—2011 年的 10 年间,东京都的人口数量小幅增长,GDP 在 80 百亿—88 百亿美元间小幅波动增长,社会经济形势基本稳定。从产业结构看,在这阶段东京都的产业结构主要由第二产业和第三产业构成,第三产业占比超过 80%,已进入发达国家在经历产业结构调整后的稳定期,但这期间第三产业的比重仍在进一步上升,增加了 4 个百分点,达到了 86%。从终端能源消费结构看,煤炭由原本占 1.0% 逐步在终端能源消费中退出,石油占比下降了 10 个百分点,化石燃料的使用逐渐由电力和天然气替代。总体来看,东京都 $PM_{2.5}$ 浓度在从 WHO-Ⅱ阶段进一步改善至 WHO-Ⅲ阶段的过程中,产业和能源结构在逐步调整,同时对机动车排放的管控力度加大。

区域空气质量受本地排放和外围传输的共同影响,在东京都 $PM_{2.5}$ 浓度逐步改善的过程中,东京都周边地区乃至日本全国的 $PM_{2.5}$ 浓度均呈下降趋势,特别是在 $PM_{2.5}$ 浓度由 WHO-Ⅱ水平降至 WHO-Ⅲ水平的过程中,东京都及周边地区的改善幅度高于日本全国改善幅度。可见,低浓度水平下,东京都空气质量的改善是在周边区域空气质量同步改善的背景下发生的。

第二节　重视城市大气健康风险管理

20 世纪 60 年代前后,日本、德国和美国等发达国家空气污染公害事件频发,空气质量标准也随之创立,标准的制订和收紧帮助这些国家实现了持

续的空气质量改善。而在中国,具有里程碑意义的 2012 年新空气质量标准修订也起到了统领全局的作用,扭转了我国空气质量下降的趋势,使得经济发展与主要空气污染水平实现了脱钩,也促进了空气质量管理体系的构建和完善。2019 年,中共中央、国务院印发《长江三角洲区域一体化发展规划纲要》,提出到 2025 年,细颗粒物(PM$_{2.5}$)平均浓度总体达标,地级及以上城市空气质量优良天数比率达到 80％以上。如何借鉴全球城市的大气健康风险管理的经验,推动长三角区域如期实现规划目标,是本节需要探讨的核心问题。

一、新加坡大气环境风险管理经验

作为安全、健康和有利环境的管理者,新加坡环保部(National Environment Agency,NEA)的大气环境风险管控短期重点是推出减少车辆来源的空气污染的政策,中期优先事项是加强挥发性有机化合物和空气排放监测网络。NEA 的愿景是一个安全健康的新加坡,对居民的良好生活质量至关重要。NEA 近年来大气环境风险管理的主要政策可以总结为以下四个方面。[1]

(一) NEA 通过环境空气监测站网络持续监测整个新加坡的空气质量,每小时在 NEA 网站上公布空气质量信息

NEA 正致力加强本地范围内空气质素监测的空间分辨率,例如住宅小区或主要道路交叉口。结合空气分散建模能力,这将使 NEA 能够更好地监测这些地区空气污染物的分散情况。在 2020 年,NEA 开始为期两年的试点,以评估低成本传感器的性能,制订操作要求,并利用传感器的数据改进空气分散模型。

---

[1] INTEGRATED SUSTAINABILITY REPORT 2019/2020:Safeguarding Singapore for a Sustainable Future〔R/OL〕.〔2020〕. https://www. nea. gov. sg/docs/default-source/resource/publications/annual-report/nea-integrated-sustainability-report-2019-2020-(lores).pdf.

（二）推行商用车辆排放计划及加强提早换车计划

自 2018 年生效以来，车辆排放计划（Vehicular Emissions Scheme，VES）一直有效地鼓励购买更清洁的汽车和出租车。在 2019 年注册的汽车和出租车中，约 28％获得 VES 回扣。如果延长一年，该计划将于 2020 年 12 月 31 日到期。新加坡于 2013 年首次实施"提前换车计划"，以一种新的更清洁的选择取代这些高排放车辆，仅涵盖欧标前（pre-Euro）和欧标 1 的车辆，但在 2015 年扩大到欧标 2 和欧标 3 的车辆。截至 2019 年 12 月 31 日，该计划已更换约 4.7 万辆污染车辆，"提前换车计划"已证明是有效的。

（三）严控燃油质量标准

自 2019 年 7 月 1 日起实施额外的燃料质量参数。NEA 对汽油中的甲醇、甲基环戊二烯基锰三基（MMT）和磷以及柴油中的脂肪酸甲酯和 MMT 实行了限制，因为这些燃料添加剂对环境和公共健康有负面影响。

（四）强化政策评估

在 2020 年 1 月，NEA 开展了一项为期一年的咨询研究，以衡量新加坡航运业、石油化工和电力业的二氧化硫排放量与其他城市的二氧化硫排放量。该研究将评估现有技术和政策减排方案的有效性和可行性，并深入了解其他国家的成功做法。

二、伦敦市大气环境风险管理经验

作为国际城市，伦敦曾经因大气污染问题而有了"雾都"的称号。伦敦市近年来的空气质量已经大幅改善，在大气环境风险管理方面取得了明显的成效。总体来看，当前伦敦市的大气环境风险管理可以总结为以下几个方面。

（一）使用更加清洁的交通工具

伦敦市长已经采取了广泛的行动，解决污染最严重的汽车问题，清理伦敦的公交车和出租车。这包括：从 2018 年开始，确保所有新双层巴士都采用混合动力、氢动力或电动汽车；到 2019 年年底，在伦敦一些污染最严重的"热点地区"引入 12 个低排放公交区域。市长承认，一些驾车者将需要帮助，以转向更环保的交通方式，这就是为什么他也敦促政府提供一项车辆更新基金，为驾车者提供公平的待遇。这对许多柴油车司机来说尤为重要，他们根据政府的建议购买柴油车，因为他们认为柴油车更环保。

驾驶污染较低的汽车或货车有助于减少伦敦的有毒空气，司机选择更清洁的超低排放区兼容车辆，这些车辆在实验室和道路上都符合最新的欧洲氮氧化物（NOx）排放标准。欧洲标准规定了在欧盟销售的汽车尾气排放中可接受的有害空气污染物数量。然而，实验室得出的结果并不总是反映"真实世界"驾驶场景中车辆产生的排放。有证据表明，与实验室的合规测试相比，车辆在实际驾驶中产生的氮氧化物排放往往更多，尤其是在伦敦等人口密集的城市环境中。使用我们的清洁车辆检查工具，您可以发现哪一种车型产生的氮氧化物在真实世界的驾驶场景最少。欧盟目前的新乘用车二氧化碳排放目标是 130 克/公里，但到 2021 年这一目标将降至 95 克/公里。理想情况下，司机会选择排放低水平氮氧化物和二氧化碳的车辆。市长的伦敦环境战略包括解决交通和建筑二氧化碳排放的长期战略，所有这些都将帮助伦敦在 2050 年前走上成为零碳城市的道路。

第一个 Euro 标准于 1992 年推出。从那时起，欧盟范围内的排放标准对尾气排放设置了更严格的限制。Euro 6 是目前的标准，但一项重要的升级称为 Euro 6d，从 2017 年年底开始逐步实施，并将于 2021 年全面实施。

完善电动车的基础设施。伦敦的电动汽车充电点网络是全球领先的。在 2020 年年初，伦敦有近 5 000 个充电点——每 6 辆电动汽车就有一个充电点，占英国所有充电点的 25%。[①] 快速充电点对于支持伦敦人和企业从柴油转向

---

① https://www.londoncouncils.gov.uk/our-key-themes/transport/electric-vehicle-charging/suggest-location-ev-charge-point.

电力是至关重要的。它们允许高里程用户,如出租车司机、货运和车队运营者,快速给他们的电动汽车充电。与标准充电点需要7—8小时充满一次电不同,快速充电点可以在20—30分钟内为一辆电动汽车充电。在伦敦各区的支持下,伦敦交通局目前正在领导一项快速充电点交付计划。到2020年年底,除了私营部门正在安装的新网络外,还将提供300个快速充电点。最近还在斯特拉特福德推出了伦敦第一个快速充电中心。除了快速充电点,市长还与伦敦市政委员会合作,帮助伦敦各区在住宅区街道上安装速度较慢的标准充电点,包括重新安装灯柱。这将帮助那些无法在家中为电动汽车充电的伦敦人,到2020年年底安装约2 700个快速充电点。

(二) 设立超低排放区

为改善空气质量,2019年4月8日,伦敦市长在伦敦市中心设立超低排放区(Ultral low emission zone;ULEZ)。ULEZ是市长为解决伦敦空气污染造成的公共健康危机而实施的一揽子强硬措施的一部分。每年有数千名伦敦人因长期暴露在空气污染中而过早死亡,而首都有450多所学校的空气质量超过了法定标准。道路运输排放的废气中约有一半是氮氧化物(NO_x),它导致二氧化氮(NO_2)和颗粒物(PM)的超标水平。ULEZ将有助于减少这些排放,保护儿童免受肺部损伤,减少成人患呼吸系统疾病和心脏病的风险,并改善暴露在最高污染水平下的人们的健康。货车、卡车、长途客车、公共汽车、小汽车、摩托车和所有其他车辆现在都需要满足新的、更严格的排放标准,否则就要每天支付ULEZ费用——这是在工作日的交通拥堵费之外的费用。它取代了2017年10月引入的T-Charge(正式称为排放附加费)。ULEZ与现行的交通挤塞收费区位于同一地区,实行全年每天24小时、每周7天的收费。你可以使用这个免费的在线车辆检查器来检查你的车辆是否受到ULEZ的影响。您还可以使用邮政编码检查器检查哪些区域属于收费区域。一些司机和车辆有资格获得临时折扣或完全免除ULEZ费用。在伦敦交通局的网站上,你可以看到一个完整的收费、折扣和豁免清单,以及其他有关ULEZ的信息。市长已将伦敦市中心超低排放区(ULEZ)的启动日期从 2020 年提前到 2019 年,从 2021 年 10 月 25 日起,ULEZ 地区将扩大到包括北部和南部环形道路包围的内伦敦地区。超过 1.8 万名伦敦市民回应了市长就超低排放区的公众咨询,其中近 60％(11 041)强烈支持超低排放区的原则,63％(11 383)支持或强烈支持提早实施。

(三) 设立低排放的公共汽车区域

包括公共汽车在内的车辆造成的污染占了伦敦人呼吸的有害气体的一半以上。低排放的公共汽车区域是解决这一问题的一个工具。在低排放巴士区内的站点,只有配备顶级发动机和排气系统的巴士才能满足或超过最高的欧六排放标准。在伦敦市中心以外的空气质量最糟糕的热点地区,这些区域被优先考虑,因为公共汽车是道路交通排放废气的主要来源。目前,伦敦共有 12 个低排放公交区域投入运营。到 2020 年 10 月,伦敦所有的公交车都已达到或超过欧六标准,这意味着整个伦敦将成为低排放公交区。12 个低排放巴士区已显著减少污染水平。

(四) 实施学校空气质素审核计划(Mayor's school air quality audit programme)

伦敦市长对伦敦学校周围糟糕的空气质量感到担忧。呼吸污浊的空气会影响孩子们的健康和幸福。这就是为什么他检查审计了伦敦污染最严重地区的 50 所小学。审计人员提出了减少排放和接触的建议,它们包括:将学校入口和游乐场从繁忙的道路上移开;"禁止发动机空转"计划,以减少学校运行中的排放;减少锅炉、厨房和其他来源的排放;本地道路改变,包括改善道路布局、限制污染最严重的车辆在学校附近行驶,以及在学校入口辟设行人专用区;在繁忙的道路和操场上增加"屏障灌木丛"等绿色基础设施,以帮助过滤烟雾;鼓励学生沿污染较少的路线步行或骑单车上学。审计工作由市长空气质量基金(Mayor's Air Quality Fund)出资 25 万英镑。这些数据由 WSP 工程咨询公司执行。市长希望当地各区政府与接受审计的学校合作,将这些建议付诸实施。伦敦交通局的地方实施计划将通过资助交通建议的交付来支持这一计划。此外,还将有 50 万英镑用于在所有 50 所经审计的学校提供非交通类建议。每所学校将从市长那里得到 1 万英镑,市政府将要求学校和/或各区政府匹配相应的资金。此外,至少 30 万英镑将从市长的绿色城市基金(Green City Fund)中拨款,用于在污染超标地区的任何学校实施绿化措施。鉴于糟糕的空气质量是一个公共健康问题,市长还希望临床委员会(Clinical Commissioning Groups)支持这些建议的资金使用。随着这一计划的成功,市长已将其推广到伦敦各地的 20 家托儿所。托儿所审计提出了减少排放和接触的建议。伦敦市长将投资 25 万英镑,在伦敦污染最严重地区的托儿所试行这项审计概念。这将包括测试室内空气过滤系统(Air Filtration Systems, AFS),以确定这是否会对减少室内空气污染物水平产生积极影响。市长希望鼓励伦敦各区对高污染地区的每一所学校进行审计。学校审计工具包可以被学校、托儿所、工作场所、医院和其他组织使用。

(五) 监测和预报空气污染

2018 年 1 月 30 日,伦敦市长萨迪克·汗(Sadiq Khan)宣布,他将与伦敦国王学院(Kings College London)合作,改善向公众(尤其是最弱势群体)通报首都突发空气污染事件的方式。国王学院将会直接通知学校,可能还会通知家庭护理机构,以及全科医生的诊所,中度、重度和极重度污染的情况将会很快发生。市长还让包括学校和社区团体在内的所有伦敦人更容易在抗击污染中发挥更积极的作用。伦敦的空气质量在大约 100 个不同的地点持续监测。这些地点由伦敦各区政府运营和资助。伦敦国王学院的伦敦空气网站记录实时和历史监测数据。尽管大多数污染物都有所减少,但伦敦某些地区的 PM_{10} 和 NO_2 含量仍然过高。大约 30%—40% 的空气污染来自大伦敦以外地区。伦敦的"呼吸伦敦"(Breathe London)网络是一个耗资 75 万英镑的大型"追踪"(trail)的街头空气质量先进的传感器监测系统,将被用于分析伦敦数千个有毒热点地区的有害污染,包括学校、医院、建筑工地和繁忙道路附近。这些数据将支持政策制定,并帮助向当地社区提供信息和参与。市长的空气污染预测是由伦敦国王学院发布的。它们是基于 airTEXT、Defra(英国环境、食品与农村事务处)和伦敦国王学院的公共预测发布的综合预测。与天气预报一样,有时预报提供者也会不一致。伦敦市长的预测将代表 3 种预测中最有可能的情况,这 3 种预测预计将覆盖整个伦敦。因此,市长的预测(由国王学院发布)可能与国王学院的预测不一样。

三、香港地区大气环境风险管理经验

珠江三角洲的工业化和城市化已大大影响该区的空气质素。自 20 世纪 80 年代以来,珠三角港澳地区经历了人类历史上最快速的工业化和城市拓展。世界银行认为,珠三角已超越东京,成为世界上面积、人口均居首位的大都会。由于区内频繁的工业、物流和商业活动,珠三角是个排放量相对较高的地区。香港地区的一般空气质素也受气象因素影响,如风向、风速、雨量、强烈日照总时数等。另外,珠三角河口海陆之间气流形成的海陆风,亦会在背景风减弱时(如在台风迫近期间)令污染物在区内积聚,造成高空气污染事件。香港地区近 20 年来,不断完善大气环境风险管理措施,实现了大气环境质量的不断改善。

(一) 探索区域协同应对空气污染机制

香港必须努力处理本地的污染,并与区域伙伴联手应对区域性污染。香港地区与广东省合作的主要平台是"粤港持续发展与环保合作小组",小组于 2000 年成立,工作范围涵盖广泛的环境问题;小组由香港环境局局长和广东省环境保护厅厅长共同主持,每年举行一次会议,空气质素自始是主要焦点。重要的成就包括 2002 年 4 月达成协议,以 1997 年为基准年,为二氧化硫、氮氧化物、可吸入悬浮粒子和挥发性有机化合物设立 2010 年的减排目标;建立区域空气质素监测网络,监测 4 种污染物,即二氧化硫、二氧化氮、可吸入悬浮粒子和臭氧;2005 年,网络有 16 个位于珠三角的监测站,2014 年增至 23 个站,并加入一氧化碳和微细悬浮粒子两个新的监测参数;在地区空气质素管理计划下实施一系列措施,为达至 2010 年的减排目标;2012 年 11 月签订污染物减排新协定,为 2015 年设减排目标和为 2020 年设减排幅度;2014 年进行包括澳门地区的区域性 $PM_{2.5}$ 联合研究,预计于 2017 年完成;为联合空气污染预测进行筹备工作,透过资料共用、预测交流、预期重污染日会商、工作人员培训和技术交流等,为区内居民提供相关信息。

(二) 完善大气环境风险评估标准体系

加拿大率先建立了直接表征空气污染对不同人群健康风险增幅效应的地域化量化模型——空气质量健康指数(AQHI)。将此前的空气污染指数(API)变更为空气质量健康指数(AQHI)。目前世界范围内成熟使用 AQHI 进行空气质量评价和预报的仅有加拿大和中国香港地区。不同之处在于加拿大的 AQHI 纳入了死亡风险的考量,而香港地区采用本地发病率数据作为基础(见图 8-2)。其对不同群体分类清楚,考虑周到,而且特别强调了避免停留在交通繁忙的地方,关注了交通空气污染的问题。

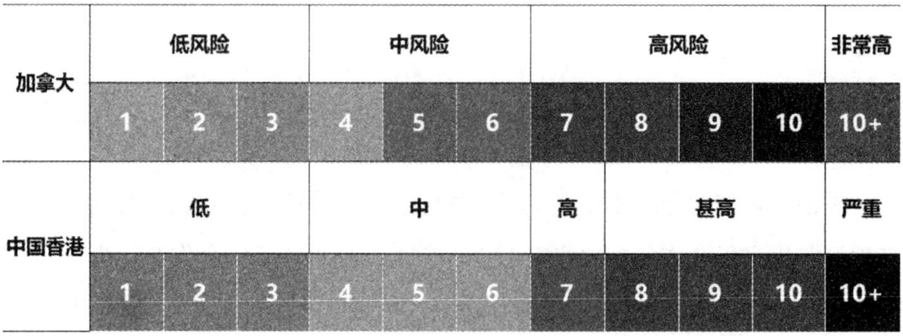

	低风险			中风险			高风险				非常高
加拿大	1	2	3	4	5	6	7	8	9	10	10+
	低			中			高		甚高		严重
中国香港	1	2	3	4	5	6	7	8	9	10	10+

图 8-2 加拿大和中国香港地区 AQHI 分级示意图

(三) 协同控制船舶污染排放

这是香港与内地合作中一个较新的领域。内地有关部门已经就珠三角、长三角、环渤海(京津冀)水域制订了减少船舶污染的方案,香港与内地相关的部门和专家共同参与,互相交流减少船舶污染的经验。此外,香港与国家交通运输部及海事局紧密合作,以配合国家于 2019 年实施珠三角水域船舶排放控制区。

四、东京大气环境风险管理经验

20 世纪 70 年代东京都政府(TMG)通过法律规范管理工厂的煤烟和烟雾等空气污染物。90 年代,在交通车辆增加的同时,空气污染也在加剧。2003 年,TMG 规定柴油车排放废气限度。现在东京的空气质量已经明显改善。然而,在许多监测站,光化学氧化剂和 $PM_{2.5}$ 的浓度都仍超过了环境标准。总体来看,TMG 采取的大气环境风险管理措施可以分为以下四个方面。

(一) 出台针对柴油排放的措施

1999 年东京政府实施了"柴油车法规"(Diesel Vehicle Regulation)。自 2003 年以来,东京都政府(TMG)一直在按照相关法规对柴油车排放的废气进行监管。受该法规管理的柴油车辆包括大型车辆,例如卡车及巴士,但乘用车除外。自该法规实施以来,那些不符合法规所订明的颗粒物排放标准的柴油车辆,不得在都会区内驾驶。这些柴油车辆必须更换为低排放废气的车辆或配备减少颗粒物装置,以符合规例的规定。为了启动这项规定,TMG 强烈敦促汽车制造商开发 PM 减少装置,并敦促石油行业提供低硫轻油,同时整顿系统,并为用户提供财政支持。因此,自 2004 年以来,东京的空气环境在悬浮颗粒物(SPM)方面有了显著改善。

为确保有效执行柴油规例,当局派出一支由前警务人员组成的汽车污染检查员队伍,以识别违规车辆,其执法措施包括检查街道上和配送中心的车辆,以及使用摄像机记录在东京行驶的车辆,违者将受到禁止驾驶该车辆的命令,屡次违法的,处以罚款。除了打击不合规的柴油车,TMG 目前正在支持柴油车向混合动力巴士和卡车等转型。TMG还要求拥有30辆及以上车辆的企业(截至2015财年年底,约1700家企业)提交车辆减排计划,进一步减少车辆造成的温室气体和尾气排放。

(二) 持续监测空气质量

东京都政府(TMG)持续监测东京的空气质量。监测站分两种:环境空气监测站是安装在居民区的监测站,用于测量一般空气质量;路边空气污染监测站是设置在主要道路或十字路口的监测站,以确定汽车排放的影响。东京的PM$_{2.5}$是在所有82个空气质量监测站(47个环境空气监测站和35个路边空气污染监测站)测量的。环境空气监测站2015财年PM$_{2.5}$年均浓度为13.8 $\mu g/m^3$,比上年减少2.2 $\mu g/m^3$;路边空气污染监测站2015财年的年平均污染浓度为15.0 $\mu g/m^3$,比上年下降2.2 $\mu g/m^3$。在日本,PM$_{2.5}$的国家环境标准分为短期标准和长期标准两种。在短期标准方面,47个环境空气监测站中有41个达到标准,35个路边空气污染监测站中有28个达到标准;长期标准方面,47个环境空气监测站中有42个达到标准,35个路边空气污染监测站中有14个达到标准。除环境标准外,环境部还根据该指南制定了PM$_{2.5}$的临时指南,当日平均浓度超过70 $\mu g/m^3$时,市政府应考虑通知公众。

(三) 加快零排放车的推广

2006年,东京都政府制订了到2030年将二氧化碳排放量在2000年的基础上减少30%的目标,这意味着交通部门需要减少60%的二氧化碳排放量。零排放车辆(Zero Emission Vehicle,ZEV)的使用为减少包括二氧化碳在内的污染物提供了途径,为实现这一目标发挥了重要作用。零排放汽车包括纯电动汽车、插电式混合动力汽车和燃料电池汽车。为了加快ZEV的广泛使用,2018年5月,东京知事宣布TMG的目标是将ZEV的销量提高到乘用车总销量的50%。东京政府通过对ZEV和小区公共充电桩进行补贴。

(四) 控制 VOC 的排放

在东京,光化学氧化剂的环境标准尚未达到;相反,近年来高浓度光化学氧化剂发生的天数有增加的趋势。TMG 正努力将减少挥发性有机化合物排放作为一个紧迫的问题。除根据法律规范规管排放外,辐射管制局亦为自愿减少挥发性有机化合物排放的方法提供技术支援,例如派发《挥发性有机化合物排放措施指南》、派遣顾问前往中小型企业。此外,TMG 还通过在其网站上介绍低 VOC 涂料的先进案例,努力推广低 VOC 产品的广泛使用和认知。

(五) 推动大气污染标准修订

日本最初空气质量标准中颗粒物的指标为 SPM,在已达到该标准的情况下哮喘儿童患者仍不断增加,因此,耗时近 10 年的东京大气污染诉讼案引起了政府高度关注。与以往公害事件不同,原告为市民团体组建的公害诉讼团,揭露了可能由于 $PM_{2.5}$ 导致疾病的结论。所以其诉讼要求不仅再局限于被告支付原告赔偿金,诉讼团也要求加入创建哮喘患者救助制度,并参与探讨制订 $PM_{2.5}$ 标准和完善自动监测。[1] 最终,2009 年修订标准首次纳入了 $PM_{2.5}$,年均值与 WHO 的过渡时期目标(IT - 3)(15 $\mu g/m^3$)一致。

五、纽约大气环境风险管理经验

纽约市的空气比以往任何时候都要干净。50 年来,由于持续的努力,不断提高减少和逐步淘汰污染物,2009—2017 年,空气质量持续改善,$PM_{2.5}$ 下降了 30%、NO_2 下降了 26%、NO 下降了 44%、BC 下降了 30%。[2] 然而,空气污染仍然是主要的环境问题,尤其是对低收入纽约人的健康的威胁。据估计,颗粒物($PM_{2.5}$)是罪魁祸首,死亡人数超过 2 000 人,每年心血管和呼吸系统疾病的

---

[1]　亚洲清洁空气中心(菲律宾)北京代表处.定标起航-环境空气标准系列文章-修订篇[R].北京:2020 年 6 月.

[2]　One NYC. The New York City Community Air Survey: Neighborhood Air Quality 2008 - 2017 [R/OL].[2019]. https://nyc-ehs.net/besp-report/web/nyccas.

住院治疗和急诊人数接近 6 000 人。近年来纽约市在降低大气环境风险方面的主要措施有以下 6 个方面。

(一) 通过数据收集和分析以及社区参与,确定有目标的改善空气质量的措施

2007 年,纽约市卫生部建立了纽约市社区空气调查(New York City Community Air Survey,NYCCAS),这是美国城市中正在进行的最大的城市空气监测项目。自 2008 年 12 月以来,卫生健康部门(Department of Health and Mental Hygiene,DOHMH)通过纽约市社区空气调查(New York City Community Air Survey,NYCCAS)监测城市周围街道的空气污染物标准,该调查在空气质量方面提供了重要数据。2017 年,纽约市出资建设了 10 个实时 $PM_{2.5}$ 采样装置,部署并维护在纽约市的关键地点,增强市民对城市不同社区一天中污染水平如何变化的理解。该市将通过部署尖端技术,继续投资于其数据基础设施。

卫生部门设计 NYCCAS 是为了了解纽约市各地平均空气污染水平的变化情况。根据联邦政府的要求,纽约州环境保护局也在纽约市建立了一个空气质量监测网,但监测网安装在建筑物的屋顶上。卫生部门在街道上放置了空气采样器,以测量人们花费时间的地方以及与交通相关的污染水平通常较高的地方的污染程度。NYCCAS 的工作人员将采样器安装在离地面 10—12 英尺高的街道灯杆上,这些灯杆沿着住宅区和商业区以及公园,其使用一个小型电池驱动的泵和过滤器来收集空气样本。空气采样器每个季节都会在 NYCCAS 的每个地点部署一次,收集为期两周的数据。NO、NO_2、$PM_{2.5}$、BC 四季采集,O_3 夏季采集,SO_2 冬季采集。监控位置代表了纽约市各种各样的环境——人行道、繁忙的街道、公园和安静的社区道路。大多数的地点(80%)是由卫生部门随机选择的,以确保在所有类型的社区中都有代表性,包括住宅、商业和工业社区。选择其余的场址是因为它们靠近在随机分配中没有捕获的潜在高辐射地点。这些地方包括时代广场、港务局的公共汽车终点站和荷兰隧道的入口。这些位置在树冠、交通密度和建筑上都有所不同。随着

NYCCAS 对城市空气质量的了解,这些地方的数量在过去几年里发生了变化。2017 年,NYCCAS 监测了 78 个常规地点和 15 个低收入社区,这些地区在前几年没有得到很好的体现。NYCCAS 把这些地区称为地图上的环境正义站点。

自 2008 年在纽约市开始监测以来,NYCCAS 所测量的大部分空气污染物都有所减少。然而,在工业区以及交通和建筑密度较高的地区,每种污染物的浓度仍然较高。空气污染不仅因邻里而异,还因季节而异。有些污染物在一年中的某些季节中最高,原因要么是天气模式,要么是排放源。例如,当燃烧燃油的锅炉被用来加热建筑物时,SO_2 在冬季达到峰值。我们只在冬季监测二氧化硫,正如预期的那样,燃烧大量取暖油的大型建筑物附近 SO_2 的浓度最高。

(二) 提高能源利用效率,降低污染物排放

纽约市还启动了"纽约市改造加速器"(NYC Retrofit Accelerator)以及"纽约市社区改造"(Community Retrofit NYC)项目,帮助建筑业主运营商提高了能源效率。改造加速器是纽约市绿色建筑计划的首选。纽约市提供有针对性的外展服务和免费的个性化咨询服务,以帮助业主简化提高能源和用水效率的过程。纽约市社区改造为建筑业主、建筑运营商和社区居民提供免费的教育、工程、金融和建筑管理咨询服务,以帮助简化能源和水效率改造过程,其结果是更低的成本、更大的舒适度,当然还有环保。社区改造工程与较小的建筑物提供类似的服务。纽约市现在拥有世界上最大的替代燃料市政车队之一。所有社区都受到这些健康因素的影响,但它们不成比例地出现在高度贫困的社区。纽约市的空气质量是由当地政策决定的法规,以及州和联邦法规控制的。这些法规决定道路上车辆的燃油效率,城市上风向电厂燃料的选择以及运输系统的以及其他部门管制。纽约市将继续通过更严格的法规来改善空气质量,增加电气化和城市建筑库存的绿色化转型。

(三) 从健康公平的角度执行最新的空气污染控制法规

纽约市扩大减少汽车尾气排放的举措,与纽约市议会合作,引入相关立法进一步限制发动机空转,特别是对有二级发动机的车辆。纽约市还针对排放最大的重型车辆的利益相关方(如校车运营商和卡车运输车队所有者)发起一项积极的反空转宣传活动,并重点关注对空气质量影响最大的社区。此外,将通过探索新设施来控制商业烧烤炉的排放,加大对以往不受监管颗粒物来源的控制,将监管扩大到最初豁免的企业,进一步降低每周烧烤肉重量的门槛,以继续实现空气质量的改善。纽约市还继续实施清洁热倡议,以支持向清洁取暖燃料过渡,重点是环境正义社区。

(四) 发布和推广公民科学工具包

2017 年,DOHMH 与纽约市立大学皇后学院(CUNY Queens College)合作,与两个地方组织合作开展空气质量监测项目,并创建了一个工具包供团体收集数据倡导资源。市政府将在社区团体中发布和推广这套工具包,帮助他们了解社区的空气污染模式,并为参与者提供交流想法和数据的机会,并改善与空气质量相关的公民科学状况。

(五) 以卫生公平和空气质量协同效益为优先标准推进气候领导行动

DOHMH 将继续提供健康影响数据和空气质量监测,以支持以公平和健康为重点的交通、能源效率和废物方案的实施,包括拥堵收费、建筑能源法规和商业废物区。

(六) 倡导州和联邦监管改革,解决超出地方控制的污染源

45%的城市细颗粒物来自城市外排放源。面对关键环境保护措施的威胁和实际倒退,纽约市将继续大力倡导州和联邦的空气质量法规,并记录放松管制对当地的影响。同样,鉴于联邦政府对科学的重视,该市和其他地方必须在空气质量和可持续发展倡议方面走在前面,并加以扩大应用科学专业人员的

研究、合作、数据共享和发展。纽约市将继续倡导联邦监管改革,并与其他7个州一起提起诉讼,要求美国环境保护署(U.S. Environmental Protection Agency)取缔来自铁锈地带州的污染。

六、全球城市大气环境健康风险防范对长三角区域的启示

要持续降低大气污染健康风险,并与公众的需求相协调,需要改变现有的环境管理模式,向风险防控为目标的管理模式转型。长三角区域可以从全球城市的大气环境风险管理经验中取长补短,实现生态绿色一体化发展,最终实现大气质量与国际城市接轨。

(一) 完善环境健康风险监测与预警体系

伦敦、香港、东京及新加坡的经验表明,加大监测站点的布设,有助于更加精准地分析大气环境风险点的分布状态和特征,从而针对特定人群采取更加公平和精准的政策措施。当前长三角区域的空气质量监测站点设置仍不够合理,存在一些盲区。未来应该继续完善环境监察站点的布局和基于监测数据的大气环境风险防范信息的发布。

(二) 完善环境健康风险管理标准体系

目前包括我国在内的多数国家都是选择污染物中最大的 IAQI 作为 AQI 表征空气质量,这起到了突出首要污染物的作用,却忽视了其他污染物可能产生的综合健康影响,不能揭示空气污染物和人体健康效应之间的复杂关系。具体来说,因为空气污染物对健康产生的影响无法确定阈值,在极低浓度下仍可产生不利健康效应,而只表征最高浓度污染物的 AQI 单一指数无法体现其他较低浓度污染物的健康风险;此外,也不能表征多种污染物同时联合产生的健康风险。据此,在基本实现 WHO 过渡时期目标值-I($35\ \mu g/m^3$)目标之后,长三角区域应该试点环境健康风险管理标准,为进一步降低大气环境健康风险提供指标参考。

(三) 大气污染风险预防及损害救济不足

有别于传统损害,大气污染属于间接损害,其损害后果具有潜伏性、广泛性。对现存大气污染损害风险的预防及已经发生损害的救济同样也是保障公众健康权利的重要措施。当前,长三角区域大气污染治理工作主要以可吸入颗粒物(PM_{10})、细颗粒物($PM_{2.5}$)为治理突破口,实现空气质量改善,并围绕这一目标展开制度设计,而对大气污染风险预防及损害救济则重视不够。大气污染风险预防手段过于单一,仅限于重污染天气启动应急措施;大气污染损害缺乏必要救济途径,长三角区域现阶段的损害救济以传统侵权损害为主,对于大气污染这种新型公害损害救济则缺乏相应法律规范;对于大气污染与公众健康损害之间的关联性,还缺乏深入研究和科学认识,这为长三角区域在制度上保障公众健康权利带来了诸多困难。

(四) 要持续不断地改善大气环境质量

建筑部门和交通部门是国际城市大气污染物的关键来源,制订专项政策降低污染物的排放总量。交通部门在交通管理方面,协同经济效益较高的措施有:推广远程办公、完善铁路交通服务、实施高速收费制度、开发智能驾驶;在移动源排放控制方面,通过补贴来推广低排放的中、重型卡车可获得较高协同经济效益,可实现大量的温室气体减排。建筑部门的主要减排与能源消费息息相关,因此该部门的控制措施可产生较大的协同效益,尤其是通过推广绿色建筑及减少建筑的碳排放。

(五) 要构建区域协同机制,协同降低大气环境风险

伦敦市加大了大伦敦地区的大气污染协同治理,东京市从东京圈的角度构建区域大气污染治理机制,纽约市也协同其周边区域开展大气治理。香港地区则与珠三角城市群和澳门地区等一起治理大气污染。可以看出,要实现大气环境风险的进一步降低,必须协同改善周边区域的大气环境质量。

第三节 跨区域大气环境监管经验

长三角空气质量问题已呈现区域性特征,长三角空气质量实现 WHO-Ⅲ的目标必须联合周边地区进行联防联控。在跨区域大气环境监管方面,长三角亟须解决的两个问题:一是 O_3 污染作为一种区域性污染问题难以在短时间内迅速改善,在区域协同防控方面也尚无有效对策;二是在全力推进长三角区域一体化发展的背景下开展区域协同防控,需要长三角区域三省一市突破制度和体制的差异性,在大气污染防控的合作机制体制上取得创新。

一、美国臭氧污染区域防控策略

美国作为全球少数几个 O_3 污染防治取得成效的国家,其区域防控策略值得长三角学习借鉴。在美国大气污染治理的历程中,美国国家环境署(EPA)制定的全美空气质量标准只是一个最低标准,各州可根据自身情况制定更加严格的空气质量标准。从 1990 年清洁空气法案出台开始,美国政府分别加强了在产业结构中针对移动源、工业源、电力行业的减排政策,并根据臭氧传输特性,提出分区域治理的实施方案。

针对臭氧污染制定分区减排政策。1990 年再修订的《清洁空气法案》出台,其与 1970 年第一次修订不同的是,提出了臭氧传输的概念,即强调臭氧的区域传输性问题,与此同时,在臭氧污染严重的东北部地区成立了臭氧传输协会(OTC),并授权该区域东北部 11 个州和华盛顿特区协调制定区域 NO_x 减排策略并督促实施。同时,将 NO_x 预算中的州划定成三种不同类型:北部分区、外部分区和内部分区,并对不同分区给予不同的目标减排量。

对臭氧传输区域所在州的污染物主要贡献源实施具有针对性的排放措施。在《清洁空气法案》的大背景下,美国环保署(EPA)更进一步提出了对于臭氧污染的前体物之一的 NO_x 的联防联控,具体主要为出台区域性范围的污染物减排法案,并针对电力行业中的主要贡献源如发电厂和大型工业锅炉进行减排控制。从 1999 年的 OTC NO_x 控制项目开始,每项法规的出台都在前者的基础上不断更新,并界定了更加严格的标准,对于不同阶段区域内各州臭氧浓度的变化趋势,分区内排放源减排要求也有所不同。除制定区域内各州年度排放限值之外,还设置了季度排放限值,更加有效地针对臭氧季节实施排放控制措施。与此同时,在每项法案结束后,EPA 会成立专门的小组,小组由各州政府、空气质量专家等组成,对法案实施效果进行评估及总结。

与美国臭氧污染防治做法类似,欧盟也将目标区域进行分区管辖,并评估臭氧传输影响及贡献来源。[①] 欧盟空气质量指令(2008/50/EC)要求欧盟成员国将自己领土划分为不同区、块,以达到不同空气质量目标的要求。不同的片区又称空气质量区,是大气污染防治的基本单位,同时也是空气质量评价与管理的基本单位;块的划分则由人口总量或密度决定。各国同时科学地评估臭氧传输及贡献区域来源,确立跨区域传输及自身排放源的影响值占比,科学评估臭氧传输影响、界定传输区域。[②] 这种评估模式跳出传统的以行政单位为界限的区域管理模式,有效地抓住大气污染物传输的特征,一定程度上将社会经济发展水平与大气污染防治紧密地结合在一起。

二、国际跨境大气污染协同防控机制体制经验

这里,重点调研了美—加、北美自由贸易区和欧盟国外跨境大气污染防控合作体制机制,以期为长三角区域大气污染协同防控体制机制突破创新方面提供经验与启示。

① EEA. Air Implementation Pilot [R/OL]. [2013 - 06 - 07]. https://op. europa. eu/en/publication-detail/-/publication/58f6afaf-4c21-4314-831f-58c36957fc60/language-en/format-PDF/source-210577046.

② EEA. Assessment of ground-level ozone in EEA member countries, with a focus on long-term-trends[R/OL]. [2009 - 10 - 06]. https://op. europa. eu/en/publication-detail/-/publication/04ad7e2a-fdba-4a2b-9210-03c4049bb274/language-en/format-PDF/source-210577915.

(一) 美—加跨境大气污染防控合作体制机制

北美五大湖周边地区由于地理条件和经济活跃等原因,区域大气污染问题较为突出,因此美国和加拿大开展了长期的跨境大气污染防控合作。

随着北美五大湖周边地区跨境大气污染传输引发的近地面 O_3 污染问题日益凸显,2000 年 12 月,美国和加拿大共同在原有的《美国—加拿大空气质量协议》(简称《美加协议》)中增加了附则《近地面臭氧前体污染物的特别防控目标》,开始了跨境的臭氧、氮氧化物(NO_x)和挥发性有机物(VOCs)的防控合作。基于《美加协议》,美国和加拿大共同成立并运作了一个双边空气质量委员会,作为开展跨境问题磋商和措施执行的组织机构。双边空气质量委员会由美国和加拿大双方各自委派同等数量的代表组成。为有效推动《美加协议》的执行,双方共同指定美国和加拿大共同建立的国际联合委员会为支撑机构。[①] 国际联合委员会的主要职责包括:组织对双边空气质量委员会所提交进展报告的评估;向美国和加拿大双方提交综合评估分析意见;按要求将综合评估分析意见向公众公开。基于《美加协议》,美国和加拿大共同推动了在工业、机动车、船舶发动机排放的协同管理和油气开采加工领域排放控制的政策研究和实施。此外,基于《美加协议》的要求,每两年定期开展一次协议进展情况的评估并发布评估报告,客观评价了美国和加拿大边境空气质量改善的成效,并向社会公开并征求意见建议,有效推动了第三方和公众的监督。

(二) 北美自由贸易区跨境大气污染防控合作机制

美国、加拿大和墨西哥是北美的主要国家,在跨境大气污染防控方面也开展了卓有成效的工作。20 世纪 70 年代起,美国、加拿大和墨西哥就开始关注以酸雨为代表的跨界大气污染问题;1994 年,三国签订并开始实施了《北美环境合作协定》,主要通过规定环境保护的条约义务,建立专门的环境工作机构和寻求环境争端的妥善解决等方式来实现区域环境保护。

①　廖程浩,曾武涛,张永波,等.美加跨境大气污染防控合作体制机制对粤港澳大湾区的启示[J].中国环境管理,2019,11(5):32-35.

根据《北美环境合作协定》，北美自由贸易区内建立了北美环境合作委员会，其职能主要是加强成员国之间的环保合作，通过保护环境、自然生态和健康来推动可持续发展，主要工作包括污染减排、加强环境管理、协调环境等。在跨界大气污染治理方面主要通过协议合作来解决跨界大气争端，主要是促进三国空气质量管理合作；开发提高北美空气质量的技术和战略工具；制订三国空气质量改善计划。北美环境合作委员会下设三个主要机构，即部长级理事会、秘书处和联合公众咨询委员会。理事会作为北美环境合作委员会的管理决策机构，主导着北美环境合作委员会的所有工作；秘书处作为常设机构，负责提供技术、管理和执行等方面的支持，特别强调"独立性"，不得寻求或接受《北美环境合作协议》以外任何政府或任何其他权力机关的指示；联合公众咨询委员会由来自成员国的 15 名公众代表组成，负责向理事会就环境事务提供咨询。成员国还可建立本国的国民咨询委员会和政府咨询委员会。国民咨询委员会是非官方性质的组织，由成员国国内公众组成；政府咨询委员会则是政府性机构，由联邦和州（省）政府代表组成，两者均为合作协议的执行和完善提供意见建议。

（三）欧盟跨境大气污染防控合作机制

20 世纪 70 年代以前，欧洲主要以经济发展为主，大气污染的防治管控工作较为欠缺，一些有关的大气污染防治政策基本上以各自为政的管理方式进行，各国的大气治理进度与政策标准为此也存在较大差异。[①] 近年来，由于对健康的影响，颗粒物及臭氧污染已成为欧洲地区亟待解决的问题。为共同推动解决欧洲大气污染问题，1979 年欧洲 34 国在日内瓦签署了《远距离跨境大气污染公约》（简称《公约》），并成立了执行机构、监督和评价机构、委员会等较为完善的组织机构体系，科学统筹政策安排与跨界大气污染联防联控，为之后欧洲跨地区大气污染改善提供了强有力的保障。

欧盟中的以下几个机构涉及大气污染防控的相关工作。欧盟委员会负责

---

① 孙瑜颖.欧盟主要国家大气污染治理经验对我国的启示及案例分析[D].北京：对外经贸大学，2015.

调查任何违反大气污染防治指令或不履行义务的事件,是主要的执行组织;欧洲议会作为立法监督、决议机构,对大气污染防控享有立法权,欧洲议会于1996—2008年先后制定并通过了超过20条欧盟指令,基本完成了欧盟国家大气污染治理体系和评价标准体系;欧洲环境署作为欧盟建立技术支撑机构,主要负责建立大气污染监测站点,搜集、分析和发布大气的信息,为各成员国提供客观的信息,并提供适当的措施方法以及评价标准;欧洲委员会设立的环境空气质量委员会作为监督机构,负责监督空气质量。

欧盟的大气污染协同防控有四个重要特点:(1)建立区域管理机制。欧盟空气质量指令要求各成员国将自己领土划分为不同空气质量区,以达到不同空气质量目标的要求。区块的划分由人口总量或密度决定,这种划分模式跳出传统的以行政单位为界限的区域管理模式,一定程度上将社会经济发展水平与大气污染防治紧密结合在一起;(2)建立跨境污染合作机制。该机制要求相关成员国需要共同合作应对跨境的空气污染,并且欧盟委员会也参与其中制订短期的行动计划以应对超标的污染;(3)建立成员国环境信息共享平台、排放清单及预测中心,及时掌握各成员国环境数据。在《公约》协议下的减排及达标情况,合理统筹分配各国未来污染物允许排放量;(4)采取经济支持措施。随着2005年中东欧10个国家正式加入欧盟,欧盟各国在内部经济发展水平与产业特征上差异性显现,《日内瓦议定书》作为《公约》下第一个议定书,制定了针对各国经济发展水平与产业特征的不同而带来的污染治理成本间差异性的补贴措施。

第四节　对长三角区域的启示

一、对制订长三角空气质量改善目标策略的启示

从已达到WHO-Ⅲ水平的国家和地区的空气质量改善历程看,不同浓度

水平下空气质量的改善速率存在差异,在制定长三角空气质量改善目标策略时要分阶段进行考虑。随着污染物浓度的降低,空气质量进一步改善的难度会加大,但部分发达国家的经验表明,在 $PM_{2.5}$ 较低浓度下依然可以保持较高的逐年改善速率。从东京空气质量改善的经验看,结构调整和针对性的防控措施能够有效推动空气质量快速改善。通过长三角 2019 年($PM_{2.5}$ 浓度高于 WHO-Ⅰ水平)和三大湾区 $PM_{2.5}$ 浓度处于 WHO-Ⅲ水平时(旧金山和纽约湾区为 2000 年,东京湾区为 2011 年)社会发展特征的对比可以看到,长三角的能源、产业结构现状与这些地区仍有较大差距。从产业结构上看,长三角第三产业比重比三大湾区低 20—30 个百分点;从一次能源消费结构看,长三角煤炭的使用比例高 30 多个百分点,而清洁能源的比例低 15—20 个百分点。因此,在制订长三角空气质量改善目标策略时要充分考虑长三角所处的社会发展阶段和结构现状。综合考虑长三角 $PM_{2.5}$ 浓度现状与 WHO-Ⅲ目标的差距、达到 WHO-Ⅲ水平地区 $PM_{2.5}$ 改善的经验以及长三角经济社会发展现状与上述地区的差距,可以预期长三角 $PM_{2.5}$ 仍有进一步持续改善的潜力。

但就 O_3 而言,一方面国际经验表明,相较于 $PM_{2.5}$,O_3 污染问题更难解决。以美国为例,尽管目前美国的 O_3 浓度已经得到控制,但自 1970 年《清洁空气法》实施至 O_3 浓度进入下降通道前,至少用了 20 余年;另一方面,长三角目前的 O_3 浓度尚处于超标状态,且近几年呈上升态势,长三角 O_3 的治理工作还处于起步阶段,要想在 2035 年前有大幅改善难度较大。因此,2035 年以前,O_3 的改善仍将以把浓度控制在 160 $\mu g/m^3$ 以内为主要目标。

二、对长三角跨区域大气环境监管的启示

现阶段长三角 O_3 及 $PM_{2.5}$ 污染防治工作主要围绕地级市层面开展,由于地市内部区县间污染物浓度存在明显差异,存在同一个地级市的区县间污染物浓度在不同目标区间,容易导致地市污染物浓度改善状况不达预期目标效果。可以借鉴美国 O_3 防控的经验,将长三角各地市内部采用跨区域管理模

式,尝试打破行政区划管理方式,划分空气质量达标与非达标区域,针对不同区域提交各自设定的达标目标及实施政策;并要求各地市或分区内部提交污染物减排计划,对已发布的减排规定或政策,成立专门的评估小组,在一定实施阶段后,进行效果评估及意见反馈。

在跨境大气污染协同防控机制方面,国际上区域大气污染治理的合作机制与长三角区域相比有以下几点优势:一是都是基于一个合作协议,共同成立一个相对独立的议事监督机构和一套相对固定的运作机制;二是设立了跨境大气环境合作指定的区域型大气环境合作核心支撑机构,从区域利益最大化的角度为区域空气质量改善提供令各方信服的科学决策支撑;三是非常重视跨界大气问题的联合研究及政策评估调控。长三角区域跨界大气协同防控机制可以从以上三点进行突破,包括建立区域性大气问题的权威管理机构、建立客观中立的技术支撑机构、联合开展区域大气问题联合研究等。

三、对制订长三角空气质量地方标准策略的启示

环境空气质量标准是环境空气质量管理工作的出发点,旨在保护人体健康和生态环境,具有较强的时效性,需要根据不同阶段的环境空气污染特征和社会经济技术水平的发展适时进行修订。美国及加州都规定每隔一段时间须对空气质量标准进行审查,并根据空气质量的改善状况和大气污染治理的不断深入情况,修订空气质量标准,收严污染物浓度限值、更新污染物浓度的统计方法等。通过不断收严空气质量标准,不仅可以促使本区域空气质量向更低浓度水平改善,而且国家空气质量标准的收严可以促使大范围区域空气质量改善,从而使得空气质量相对更优的地区在周边区域空气质量不断改善的背景下可以向更低的浓度目标迈进。

对比美国国家环境空气质量标准和加州环境空气质量标准的修订历程可以看到,加州环境空气质量标准的修订历程中有多次都是领先于美国国家标准,收严了对污染物浓度的限值要求。在这种不断地对更严格的空气质量标

准的探索中，加州形成了较国家标准更为严格的地方标准体系，空气质量改善取得了突出成效，目前已成为拥有全美最严的政策法规标准和管控措施的地区，成为全美空气质量管理的标杆。

长三角地区部分城市的$PM_{2.5}$浓度虽然达到国家环境空气质量二级标准，在全国已处于标杆地位，但与国际先进水平相比仍有一定差距。随着"打造和谐共生绿色发展样板"战略定位的提出，长三角地区面临着持续改善区域空气质量的新形势和新要求。长三角地区可以考虑以长三角生态绿色一体化示范区的建设作为契机和平台，推动局部区域先行先试，参照加州空气质量标准制定模式，开展制定较国家标准更为严格的区域空气质量标准的探索，促使长三角区域空气质量持续改善。

第四篇　长三角区域生态绿色一体化的关键机制和对策

碳中和目标的提出为长三角区域生态绿色一体化发展提供了抓手,长三角区域可以碳中和为目标,倒逼三省一市在能源清洁化转型、产业零碳转型、电力市场化改革、绿色基础设施建设、大气污染治理、气候治理智慧转型等领域共建合作机制,进而推动长三角区域生态绿色一体化发展。而落实这些机制,长三角区域为实现碳中和目标,需要做到以下 6 个方面:能源生产率增加两倍,降低碳中和成本;借助可再生能源,推进电气化进程;完善新技术商业应用生态系统,推动清洁技术发展;重构工业部门,打造零碳工业体系;完善绿色金融体系,确保快速而公正的转型;组建长三角城市碳中和联盟,打造学习交流平台。

第九章 完善长三角区域生态绿色一体化的关键机制

结合当前长三角区域面临的国际和国内背景,结合长三角区域应对气候变化的现状及问题,笔者认为应该重点在协同推进能源结构清洁化转型、协同推进产业零碳转型、共建区域电力交易市场、共建共享绿色基础设施、应对气候变化与大气污染协同治理、协同推进数字技术为长三角区域气候治理智慧转型赋能六个方面进行机制创新,为长三角区域生态绿色一体化发展提供坚实的制度保障。

第一节 协同推进区域能源结构清洁化转型

长三角区域能源结构优化离不开产业和交通结构调整,其中:传统高耗能行业向新兴行业的转型,铁路、城市轨道交通对道路交通的部分替代,是能源结构优化的关键因素。在此基础上,实现碳中和的能源结构转变主要有以下关键因素。

一、加快能源清洁化步伐,控制煤炭消费总量

在现在电力发展规划的基础上,进一步加快燃煤电厂退役步骤,在 2035

年之前,将燃煤电厂发电量占比降至5%—6%的水平。同时进一步减少传统行业煤炭的使用,争取到2035年煤炭100%用于发电或集中供热,工业行业全面实现天然气化和电气化。交通运输工具电气化水平迅速提升,至2035年铁路机车、公交车和出租车全部实现电动化,私人小汽车的电动化率达到60%。

二、发展节能技术,提高能源利用效率

新兴行业同样也是能源消耗大户,在相关产业不断发展的大背景下,发展更节能的生产技术,提高能源利用效率是下一阶段能源总量保持平稳增长的关键;随着人口增长和经济水平的提高,商业和民用能源增长也比较显著,需提高建筑能源利用效率。

三、提高核能、可再生能源和其他新型绿色能源比例

核能和风电、光伏发电、水电等清洁能源具有很低的污染物和温室气体排放,根据各地区资源禀赋,鼓励不同形式的电力能源发展;同时,对氢能等新型能源利用形式,加强产业链相关企业的资助与扶植,根据技术发展及时调整相关能源政策。

四、提高区域外部电力供应能力

区域外部的电力供应预计在2035年将占到长三角地区电力需求的50%左右,将区域外电力的供应能力提升到8 000万千瓦,争取西电、西南、西北地区电力输入,保障长三角地区能源供应安全。完善可再生能源配额制相关标准体系,以增加非化石能源的部署,以实现100%的电力来自可再生能源。

五、提高地方政府在电力部门转型中的合作关系

电力部门转型的综合性国家政策组合应包括地方政府的扶持政策。具体包括三个方面。一是提高地方财政和技术能力。在电网脱碳规划的最初阶段,长三角区域政府(能源和公用事业监管机构)应进行技能和财务差距分析,以确定地方政府为促进地方实施电力 3D 转型所需的支持。二是促进治理改革,提高纵向和横向协调。中央政府必须确定哪些级别的政府将负责实施电力 3D 转型的各种要素,包括与有形基础设施、监管和治理相关的要素。作为这一决定的一部分,各地政府应评估如何最好地协调国家和地方的努力,并确定改善长三角区域地方政府合作的机会。三是法律和监管扶持措施。在电网脱碳过程的早期,各地政府应该建立必要的数据共享框架,以促进 3D 转型,包括物理(基础设施)和市场数据。各地政府还应规划其他领域的政策和法规如何受到转型的影响,包括与工业战略、环境、电信和创新有关的政策。

六、完善分布式清洁能源开发机制,创新多样化分布式清洁能源发展模式

对分布式光伏而言,应结合设施农业、高端农业、水产养殖等,积极发展农光互补、渔光互补等“光伏＋”产业;对存量居民屋顶,建议开展试点,探索形成风险共担、收益共享的社区光伏机制模式,鼓励公众参与社区分布式能源项目,解决《物权法》等对发展分布式光伏的阻碍;对数据中心、工业园区等新建厂区,建议由管委会对园区内所有屋顶的规划、建设及使用实行统一要求,确保屋顶资源有效利用,减少分布式光伏“锁定用户”的风险,提高项目收益率,保障投资方经济效益。同时,还需要完善分布式光伏投融资市场信用体系和项目风险评估机制,为创新融资模式提供条件。

对分散式风电而言,应将分散式风电开发纳入园区规划、新农村建设范

畴,并加强"土地使用、景观融合、经济效益"等方面的科学研究和舆论引导。积极探索分散式风电带动园区、农村经济发展新模式。在工业园区、新农村等地区,鼓励园区空地、田间地头等各类空闲土地入股开发分散式风电项目,推动"一分地"风电带动周边社区、园区等业态共享利益、统筹发展。通过土地入股,推动农村集体用地流转,将风电项目建设与发展农村经济、改善民生工程紧密结合,建立更广泛的利益共同体,带动农村地区经济社会发展。

第二节　协同推进长三角区域产业零碳转型

长三角区域协同实现"碳中和",产业零碳转型是关键。精准把握"碳中和"要求与机遇,需要对长三角区域产业进行重新定位,优化提升传统行业,凸显长三角在碳中和领域的核心产业优势。此外,还需要厘清理念与发展思路,顺应"碳中和"规律、产业发展规律、区域内在发展逻辑规律,通过完善产业转移的利益协调机制,加快构建碳中和生态圈。具体来说,可以归纳为以下7个方面。

一、提升长三角碳中和核心产业竞争力,打造世界级碳中和产业集群

大力推动产业转型升级,优先布局零碳产业,提升光伏、风能、核能等碳中和核心领域技术实力,推动产业高端化、智能化、零碳化、集约化发展。支持企业加大研发投入力度,鼓励企业积极拥抱能源互联网,延伸拓展业务范围。推动制造与服务融合发展,加快发展现代服务业,推动生产性服务业向高端化、专业化发展,打造一批具有世界竞争力的新能源集成服务供应商。以新一代信息技术、高端装备制造业、生物医药产业、新材料产业、节能环保产业、数字创意、新能源产业、新能源汽车产业和卫星及应用产业等战略新兴产业为重点,培育壮大战略性新兴产业,新兴行业增加值在工业增加值中的占比提升至

95％以上。

二、加快传统行业提升改造和落后产能的淘汰退出

制定范围更广、标准更高的落后与过剩产能淘汰政策,加大传统行业中落后产品、装备、技术、工艺淘汰力度,加快推动污染产能和过剩产能主动退出。对于优势传统行业,强化技术改造,推广应用信息技术,推进绿色化改造,利用长三角的技术、管理、营销、资金、创新等优势和长三角区域一体化发展的契机,促进优势传统产业走上创新型、效益型、集约型的发展道路。到 2035 年,除个别工艺先进、节能环保水平高的优质企业外,水泥、陶瓷、玻璃等建材、造纸、钢铁等基本从长三角地区淘汰退出。

三、工业污染源从严管控和深度治理

全面实施污染源末端排放控制的最佳可行技术,全面淘汰中小锅炉及落后炉型,工业锅炉、石化行业排放执行大气污染物特别排放限值,水泥、陶瓷、玻璃等建材实施超低排放;实施工业挥发性有机物全过程控制,机械制造、运输设备制造、包装印刷行业的低(无)VOCs 含量涂料的使用比例分别提升至 50％、60％和 70％以上,力争集装箱制造、汽车制造行业水性涂料的使用比例提升至 100％;涉 VOCs 重点行业的挥发性有机物废气处理大量采用热力燃烧法、催化燃烧法等高效治理技术,VOCs 废气收集效率和处理效率大于 90％。长三角区域内保留的燃煤电厂均实施超低排放,燃气电厂全部采用选择性催化还原法与低氮燃烧联用等高效治理技术。

四、建议试点产业转移的利益协同机制

推动长三角区域产业一体化规划,联合编制长三角区域产业发展地图,按

照区域生态环境容量合理布局产业。探索长三角区域产业转移的税收收入共享机制,推动长三角区域产业有序转移和优化升级。制订园区共建的利益共享机制、考评体系和管理机制,推进跨省市共建产业园区。加强苏皖区域城市的合作。通过建立皖江城市带、合肥都市圈、长三角城市群的合作平台,强化区域对接互动。通过完善共建产业园区、协同创新等区域协作机制,主动承接高端产业和优质要素转移,实现产业链的分工协同。

五、强化协同联动,共建碳中和生态圈

碳中和不是一城一地的封闭循环,长三角在推动碳中和的进程中,应当坚持共建共享共治的理念,围绕科技、产业、标准等领域加强协同,营造开放创新的碳中和生态圈。在科技协同方面,可以依托高校、科研院所和龙头企业,在碳中和相关的基础研究和核心技术等方面进行联合攻关;在产业协同方面,可以联合编制长三角碳中和产业规划、产业地图等,引导产业链上下游合理布局,打通研发—转化—制造—应用等环节;在标准协同方面,可以积极推动建立三省一市碳中和领域产业联盟和行业协会等,联手制定相关行业标准和规范,为碳中和产业发展保驾护航。

六、争取试点示范,当好全国推广试验田

一方面,依托长三角在碳中和方面的科技创新和产业资源优势,积极推动相关技术创新成果在长三角率先试点应用,形成一批碳中和的先导区域、示范园区和标杆企业;另一方面,针对我国碳中和领域立法、规划、标准、统计等方面的空白点,积极争取国家支持在长三角开展先行先试探索。同时,对标国际先进水平,鼓励相关研究机构和企业参与低碳领域的标准化组织,进一步增强我国在碳中和国际规则制定中的话语权。

七、把握发展机遇,前瞻布局新增长点

　　针对氢能等产业化尚未爆发的领域,加大力度进行重点扶持。推动传统汽车企业向新能源汽车转型,针对智能驾驶等关联领域,加强应用示范推广,以应用带动技术发展,进一步提升产业竞争力。发挥现代服务业优势,着力培育具有国际竞争优势的碳捕集和碳封存等低碳技术衍生产业,大力发展碳金融产业,培育发展新的产业增长点,提前占据行业制高点。针对可控核聚变等高能量密集度的能源产业,保障研发资金投入力度,保持全球技术领先地位,争取早日产业化应用。

第三节　构建长三角区域电力交易市场

一、明确我国电力现货市场的顶层设计,为长三角区域电力现货市场试点建设提供指导

　　建议中央政府层面出台相关政策,完善我国省间电力市场建设框架规则,明确各级电力市场的业务范畴及各市场间的责任关系。可由国家能源局、国有资产监督管理委员会、工业和信息化部、生态环境部、国家发改委等部门成立国家电力市场建设工作小组,专门负责协调电力交易市场建设事务。工作小组明确提出全国电力现货市场建设路径,推动省间交易和省内交易逐步实现并轨。建议国家发改委和国家能源局将可再生能源配额制范围扩大到长三角区域,完善长三角区域配额设定与调节机制,对长三角区域配额进行一体化考核。

二、明确长三角区域电力市场建设总体框架,形成多元化市场架构

　　一是明确长三角区域电力交易机构的职能定位,区域电力交易机构专注于

长三角区域范围内的跨区跨省电力交易,与长三角区域4个省级电力交易中心共同构成多层次电力交易体系。二是在上海建设长三角区域电力交易机构,在市场主体注册、品种配置、市场结算、信用评价等方面形成适合于长三角区域实际的制度体系、完善配套的交易服务,促进电力资源更大范围优化配置,更好地服务市场、服务客户、服务经济发展。三是在区域电力交易机构建设的基础上,逐渐完善辅助服务市场、容量市场、可再生能源配额等交易品种,形成多元化市场架构。

三、在长三角区域统筹考虑电力市场化建设和改革方案,着力解决各省内电力市场活力不足、省间电力市场交易方案和细则对接难度高的问题

一是将外来电和可再生能源电力纳入长三角区域电力交易市场范畴,增加电力市场交易主体,提高电力市场交易效率。二是推进电力交易机构股份制改革,纳入上海、江苏、浙江、安徽电力交易中心,国网入股比例不超过50%,吸纳长三角区域范围内的售电主体参与。三是在长三角范围内分期分步统一发电主体、输配电企业、售电公司和电力用户参与长三角区域电力市场的准入标准,降低市场主体准入门槛,促进省间和省内市场融合,打破省间壁垒,实现电力资源在长三角区域范围内的自由流通和优化配置。

四、构建多元治理结构,完善长三角区域电力市场监管体制

由电网企业、发电企业、售电企业、电力用户、第三方机构等电力市场主体按类别选派代表共同组建长三角区域电力市场管理委员会,对市场规则及相应的重大事项进行决策审核。国家能源局派出机构会同长三角三省一市政府电力管理部门,可以派员参加市场管理委员会有关会议,依法履行监管职责。各方在市场规则制定、修改等重大问题中拥有相应话语权并相互制衡。交易机构的高级管理人员应由市场管理委员会推荐,并按组织程序聘任。

五、完善长三角区域可再生能源配额机制与绿证交易协调机制

按照合理经济和有效监管原则,建立与绿证交易、电力平衡相匹配的市场主体配额消纳责任的监测核算和交易机制,实现绿证交易市场和配额交易市场的衔接。建议在长三角区域将绿电自愿认购市场逐步向所有已投入发电的可再生能源项目开放,大幅度降低自愿绿证价格。建议将绿证自愿采购与企业产品绿色认证、税收优惠等逐步挂钩,使企业的环境意识和社会责任能得到更有力的体现,从而提高企业采购绿电的积极性。建议将拟实施的可再生能源电力配额制上升为下一轮《可再生能源法》修订的主要内容,以法律为保障,具体实施规则可通过法规和政策的形式加以体现。同时,防范垄断定价和考核不当,完善双向竞价、定价限额和配额未履行惩罚等制度安排,提高绿证市场竞争均衡与履约效率。强化具备成本优势的西南和"三北"地区水电、风电、光伏发电等清洁能源发电主体参与长三角区域电力现货交易市场,形成电量交易、消纳权重指标二次交易两层市场,通过市场信号调整交易价格。

六、建立容量电价市场,激发可再生能源投资意愿

电力市场设计中需纳入容量市场或规定容量责任。建议研究探索长三角区域输电权交易机制,充分挖掘省间输电通道资源的利用空间。通过建立容量市场,未来的容量资源通过合同约定,从而保障电力长期供应。

第四节　共建共享绿色基础设施

着眼于确保居民的生命财产安全及经济社会发展的持续和稳定,长三角

区域沿海城市应在未来发展规划中考虑海平面上升的问题,结合当前社会经济基础,进一步完善城市应对海平面上升的防洪、防潮、防涝和供水安全技术方法,建立沿海市应对海平面上升的防洪、防潮、防涝和供水安全治理及管理技术体系,以具备防范海平面升高 1 米的能力。通过海岸带生态系统保护修复,充分发挥生态系统防潮御浪、固堤护岸等减灾效能,提升沿海地区抵御台风、风暴潮等海洋灾害能力。

一、加强海洋生态保护修复,严控填海造地

在长三角区域编制填海规划,划定禁限填区,实行填海的总量控制。全面清理非法占用红线区域的填海项目,确保海洋生态保护红线面积不减少。除国家重大战略项目外,全面停止新增填海项目审批。探索建立海岸带建设许可证制度,从"两证一书"转变为"三证一书",加强对海岸带开发利用及填海的规划管控。坚持以自然恢复为主、人工修复为辅,建立一批海洋自然保护区、海洋特别保护区和湿地公园,逐步修复已经破坏的滨海湿地。

二、加强跨区域河湖水源地保护,建立健全流域和水系上下游地区互利共赢的饮用水源保护运行机制

强化苏沪皖联动,以巢湖、洪泽湖、高邮湖、淀山湖、华阳湖等湖泊为重点,完善湖泊综合管控体系,加强湖泊上游源头水源涵养保护和水土保持。太湖流域,实施望虞河拓浚、吴淞江整治、太浦河疏浚、淀山湖综合整治和环太湖大堤加固等治理工程,加大环太湖流域的湿地保护。长江沿线,重点加强崩塌河段整治和长江口综合整治,实施海塘达标提标工程,探索建立长三角区域内原水联动及水资源应急供给机制,完善长三角区域饮用水安全保障体系,提升防洪(潮)和供水安全保障能力。加大对新安江水库的联合保护。加快水源工程等水资源调蓄和配置工程建设,建设沿海淡水

通道。完成病险水库除险加固、灌区续建配套与节水改造和城乡饮用水安全工程。

三、完善资金机制，加大对绿色基础设施的投资力度

鼓励符合条件的绿色基础设施投资项目按程序申请国家绿色发展基金、政府和社会资本合作（PPP）融资支持基金等现有资金（基金）支持。发挥国家开发银行、进出口银行等现有金融机构的引导作用，形成中央投入、地方配套和社会资金集成使用的多渠道投入体系和长效机制。发挥政策性金融机构的独特优势，引导、带动各方资金，共同为长三角绿色基础设施建设造血输血。长三角区域出台系列"绿色复兴"计划，将绿色标准和绿色金融纳入经济复苏方案中，将长三角一体化发展投资基金中设立专项领域，用于投资绿色基础设施项目。寻找适合中长期发展的投资方，通过经济刺激措施实现经济增长和低碳转型的双赢。完善协商机制，借助已有的长三角一体化领导小组，以绿色基础设施建设为抓手，完善交通、水利、海洋海事等部门间的沟通和合作，共同推进绿色基础设施的建设。一方面要明确绿色基础设施的投资比重。在新一轮建设项目清单中，按照国家发改委 2019 年发布的《绿色产业目录》计算，应该将能够贴标为绿色项目的比重至少提高至 20％；另一方面，应该充分利用绿色债券市场，比如中央政府发行特别国债、长三角区域发行多币种长三角一体化专项债，这些债中的一部分可以考虑发行绿色债，支持符合国家绿色目录的项目。如果中央和地方政府都发行绿色债，就可以激励许多企业的绿色投资跟进。

四、完善跨区域城市绿色基础设施的规划体系

在规划设计理念方面，坚持适度冗余、多样性、弹性和鲁棒性的原则。例如，沿海城市在遭遇咸潮入侵时，仍有充足的不受咸潮影响的供水水源，从而

保证城市生产生活用水的正常供应。在城市规划选址方面,城市基础设施的选址充分考虑气候变化及自然灾害的影响,合理规划河网水系,升级泵送、管道系统,将建筑及交通、供排水、能源设施等城市生命线的风险暴露度降至最低。在项目开发方面,合理布局公共消防设施、人防设施及防灾避险场所,如开辟城市绿地公园、建造水广场、运用植被和土壤等生态系统过程调节水资源。在政策支持方面,推动绿色基础设施建设融入长三角区域地方社会、经济发展规划、计划,科学规划产业空间布局,制订严格的环保制度,推动地方产业转型升级和经济绿色发展。①

五、探索建立区域互利共赢的税收利益分享机制和征管协调机制,促进公平竞争

探索建立长三角区域投资、税收等利益争端处理机制,形成有利于生产要素自由流动和高效配置的良好环境。创新绿色基础设施项目投资的评估体系,应在水坝、水库、灌溉和排水工程中,结合经济学方法综合评估流域内生态系统服务的成本与收益,量化绿色基础设施的投资回报率,为决策提供支持。建立激励机制,鼓励当地政府、企业和社区重视和参与流域生态系统服务的维护与治理。

六、完善法律保障机制

通过基于市场的管理机制,比如生态系统服务付费、可持续产品认证、碳抵消以及财政激励等方法,提高生态系统保护的效益。探索建立长三角区域碳汇交易市场,为长三角区域林业绿色基础设施的建设提供价值实现平台。建议国家发改委将绿色基础设施纳入基础设施建设名录,在长三角区域开展

---

① 周伟铎,庄贵阳.共建绿色基础设施,共享安全韧性长三角[N].中国环境报,2020-9-30.

绿色基础设施试点工作,为绿色基础设施建设提供政策支持。

第五节　协同推进大气污染治理

一、促进区域规划协同

国家发改委要出台规划实施细则,促进长三角城市群与淮河生态经济带的规划对接和机制完善,实现滁州、盐城、扬州和泰州等城市发展定位的统一。要通过推动淮河生态经济带建设,加强苏鲁豫皖四地的合作,完善跨界污染治理机制,促进长三角一体化发展。[①]

二、打造集约高效的绿色交通运输体系

依托铁路物流基地、公路港、航空港、沿海和内河港口等,打造海陆空立体化的多式联运通道。推动长三角海事部门加强对船舶排放控制区船舶燃油使用的联合执法监管。严格执行船舶强制报废制度,加大船舶更新升级改造和污染防治力度,全面实施新生产船舶发动机第一阶段排放标准,推广使用电、天然气等新能源或清洁能源船舶。推动内河船舶清洁化改造,满足硫氧化物、颗粒物、氮氧化物、VOC 排放控制要求。采取经济补偿、限制使用、严格超标排放监管等方式,大力推进国Ⅲ及以下排放标准营运柴油货车提前淘汰更新,加快淘汰采用稀薄燃烧技术和"油改气"的老旧燃气车辆。加快港口码头和机场岸电设施建设,推动靠港船舶和飞机使用岸电等清洁能源。

---

① 周伟铎.长三角区域协同打赢蓝天保卫战的机制路径与对策[R].上海资源环境发展报告(2020),2020-4.

三、探索长三角区域生态补偿机制

建立豫皖苏鲁大气污染治理协作机制。建议生态环境部要成立长三角及其周边大气污染治理办公室,协同四地在跨区域大气污染治理事务的联合会商机制,促进京津冀及其周边与长三角区域的大气污染治理的协同管控。在豫皖苏鲁的省界所在城市,生态环境部门要联合四地政府重点开展联合执法、环保督查、环境信息共享等机制,治理跨界污染问题。建立统一的空气重污染预警会商和应急联动协调机构,并逐步实现预警分级标准、应急措施力度的统一。建议在安徽省重点污染城市和苏浙沪之间建立生态补偿机制,以煤炭资源税或电力附加费的形式,对因煤炭外送和电力外输造成的大气污染进行生态补偿。

四、试点设立长三角区域一体化的资源环境要素交易市场

生态环境部牵头以电力、钢铁、石化、水泥等行业为试点,建设长三角区域性排污权交易市场。建议国家能源局牵头建立长三角区域国家级电力交易中心,出台交易规则,扩大交易主体,丰富交易品种,提高可再生能源发电交易比重。国家发改委要深化石油天然气市场化改革力度,结合上海石油天然气交易中心试点经验,探索长三角区域能源一体化交易市场建设,打造能源市场化改革先行区。

五、推动长三角一体化的环保标准体系

国家税务总局要在长三角地区实施一体化的资源环境税收体系,统一环境税税率。生态环境部要在长三角地区推动设立统一的高污染行业大气污染物特别排放限值。建议生态环保部选取长三角区域试点实施钢铁、建材、焦

化、铸造、有色、化工等高污染行业超低排放改造,同时配合环境税、差异化电价、差异化限产等政策,激励重点行业污染深度治理。

六、在重点污染城市建立精细化治理机制

建议生态环境部要以淮北、阜阳、亳州、徐州、淮南、蚌埠、宿州为核心,通过组织专家设计"一市一策""一厂一策"的精准治理方案,开展钢铁、火电、焦化等行业深度治理,解决燃煤锅炉和工业生产过程污染问题。在皖北和徐州,通过明确以电代煤、以气代煤工程实施目标,开展清洁取暖,推动散煤清零。

第六节　以数字技术为长三角区域气候治理智慧转型赋能

数字经济时代,5G、AI等新型技术的兴起将为千行百业智慧赋能,数字经济为实现碳中和提供了新的应用场景。数字技术可以提高温室气体排放数据的精细化程度、助力企业节能减排,还可以融合城市管理,为降低气候风险灾害提供便捷与高效的智慧管理。

长三角不同地区所处的发展阶段各不相同,大数据技术能够将收集到的数据进行相关性分析,从整体性和系统性推动长三角气候治理的智慧转型。同时,大数据具有预测性分析能力,通过数据挖掘让分析员更好地理解数据,从而根据可视化分析和数据挖掘的结果作出一些预测性的判断,这些预测性的判断可以为长三角区域协同应对气候变化的政策实施和调整提供重要的作用。

一、打造一体化的长三角区域温室气体排放数据信息系统

卫星可以成为一种强大并且可规模化应用的工具,最终能够在全球范围

内提供当日的并精确到设施规模的温室气体排放数据。航空调查可以精准地确定温室气体排放源,还可以在夜间或阴天等客观状况不适用于卫星监控时执行飞行任务。固定监测站可以提供区域性温室气体大气浓度数据和风速数据,进而协助确认卫星和航空调查数据。物联网传感器可以利用现有基础设施提供持续性的排放监测。人工调查可以提供高度敏感和准确的排放数据,这些调查可以配合现有的和计划中的例行实地考察同时进行。放射性同位素可用于追踪和核实商品材料的来源以及它们在终端产品中的应用。这一变革的最终结果将是一个一体化的开源系统,能够绘制出细化程度更高、不确定范围更小、时间延迟更少的长三角区域温室气体排放地图。这样的系统可以从根本上改变现行的公司披露方法以及监测、报告和核准(MRV)方式。它可以为政府管理者、民间机构、企业和研究人员提供强有力的工具来开启一个长三角区域的温室气体(GHG)排放控制运动。要实现这一改革,我们需要在技术专家、数据科学家、产品设计师和气候行动领域内引领当前和未来倡议行动的慈善家之间建立前所未有的、切实可行的合作。如下三个步骤可以帮助打造这一长三角区域一体化系统:将当前碎片化的倡议行动整合成一个多元化的信息生态系统;支持开发将数据和分析用于实现特定功能的平台;将这些平台的能力和资源集合成一个独立的长三角区域系统,用于气候和能源数据的追踪和通信。

二、以数字技术健全长三角区域能源计量、监测和预警体系

　　能源消费计量、监测检测数据是能源管理预警的直接依据,对长江三角洲的跨区域、跨部门获取的大数据,对掌握真实的环境资源容量、长三角地区整体空间规划布局,合理引导长三角地区产业布局和升级改造,控制污染源在长三角地区的跨区域转移等方面起到不可替代的作用。要通过运用智能传感、互联网、5G等通信技术,人工智能、边缘计算、区块链等信息技术完善重点用能单位能耗监测平台、国家机关和大型公共建筑能耗监测信息平台数据采集

和监测,提升能耗数据质量,健全平台功能,开展数据分析应用。探索深化能源需求侧管理平台的示范应用。加强能源计量审查和现场维护,加大统计数据审核与执法力度,强化统计数据质量管理。定期公布各领域、区及重点用能单位节能减排目标完成情况,及时预警、督促指导。创新电力数字技术应用,打造能源互联网样板工程,为长三角区域能源转型和智慧城市建设提供应用场景。要加快基于"分布式光伏＋储能"的"低碳"微电网绿电应用,推动综合能源在社区落地实践。要加快能源互联网能源云平台试点、电力公司智慧电网展示方案、电力需求侧响应试点、虚拟电厂试点、国家储能示范项目的示范应用,探索能源互联网的商业化推广模式。

三、以数字技术加强气象灾害风险管理能力建设,实现由减轻灾害损失向减少灾害风险转变,切实提升城市应对气象灾害能力

以大量的数据代替传统的样本信息,采取切实行动,让城市气象灾害的应对从事中和事后的灾害救援、治理向事前的风险管理转移。传统的治理模式主要是抽取样本进行分析,具有一定的偶然性和概率性,只能反映一些占比较大,比较宏观的问题,在微观层面作用甚小,无法针对特殊的问题提出解决办法。比如,长三角中的上海市和安徽省,上海市是一个经济发达的大都市,其生态环境问题更多地趋向于城市生态治理,而安徽省经济发展相对落后,很多地方都还是农村,生态环境问题更倾向于农村生态治理,如果利用样本分析的方法就无法满足政府精准制订科学合理方案的需求。加快气象灾害风险管理的制度化进程,构建气象灾害风险管理系统,研制高精度的城市内涝等气象灾害风险图谱;推进气象灾害防御体制机制的创新,实现长三角区域三省一市跨地区、跨部门合作管理,为气象灾害风险精准防控提供支撑。推进建立长三角区域人工影响天气中心,加强人工影响天气标准化固定作业站点建设,提升生态修复型人工影响天气作业能力,切实发挥人工影响天气在抗旱、大气污染防治和森林防火中的作用,为建设绿色美好家园提供更高质量的气象保障。

整合现有监测网络,建立长三角区域气候变化与健康监测系统。结合长三角区域气候风险特征,开展中国沿海城市群地区暴雨、洪涝和风暴潮气候与健康脆弱性的综合评估,找出适合中国国情的气候与健康脆弱性评估方法,研究制定长三角区域气候与健康脆弱性指数,建立长三角区域气候与健康可视化动态决策支持系统,制订政府、社区和个人不同层次适应气候变化的策略和措施,为我国应对气候变化提供决策依据。

第十章 长三角区域实现碳中和目标的对策建议

一、能源生产率增加两倍,降低碳中和成本

为了以最具经济性的方式实现 2060 年碳中和的目标,在未来 10 年,我们需要将长三角能源生产率的增长速度至少提高到 2011—2018 年平均水平的 3 倍。提高能源生产率是我们所采取的最有效的气候解决方案,也是目前仍能保持 2060 年实现碳中和的唯一原因。能源生产率可以改善人类健康,带动经济发展,促进安全,并可以节约数万亿元能源供应和脱碳投资。提升能源生产率,即以更少的能源发掘更多的价值,相对于直接增加石油消耗,反而是一种更具价值的能源"来源"。未来 10 年能够通过下列五大途径将能源生产率提高到新的水平:(1)购买成本最低的资源。对长三角区域进行的能源转型分析表明,到 2060 年 2 倍以上的能效提升可以创造数万亿元的净节约。(2)迅速扩大当前有效行动的规模。大量成熟的和新兴的解决方案可以在各行各业推广复制,创造价值。(3)电气化交通运输、建筑和工业部门的终端应用。电气化是加快变革的最大机遇,电气化解决方案其本身就意味着更高的能效。(4)能效设计。将建筑、交通工具、设备和工厂视为一个整体系统的"一体化设计"具有多重优势,可大幅降低成本,使节能效益成倍提高。(5)通过改造

和报废等方式加速资产的周转。修理或淘汰低效的设备与添加新的高效设备同样重要。结合两种手段可以显著节省成本。

二、借助可再生能源，推进电气化进程

使用可再生能源电力进行电气化是快速实现长三角区域能源系统转型的最重要的手段之一。如果可以在 2040 年完成能源终端应用 40%—50% 的电气化，并将可再生能源发电占比提高到 75%—85%，就能够把碳中和时间限制在 2060 年以内。用风电、光伏、储能和需求管理等资源相结合的清洁能源组合解决方案来替代以化石燃料为基础的发电装机已成为一种可以节约成本的选择，并且这种解决方案优势仍在持续扩大。但是，来自市场、监管和其他各方的挑战也阻碍了可再生能源在长三角区域的快速发展。监管者与政策制定者可以通过以下行动确保具有成本优势的可再生能源得以实施应用：（1）充分利用竞争性电力批发市场机制。（2）以公开透明的方式采购各种资源，包括需求侧资源，用以满足资源充裕性和灵活性需求。（3）展望未来对长周期、低碳灵活性资源的需求，优先储能、需求侧或清洁燃料等资源的市场开发和研究，缓解可再生能源每日和季节性出力波动的影响。交通、建筑和部分工业应用的电气化有助于提高能源终端的电气化水平。在几乎所有领域，电气化都能带来极大的能效提升。在建筑和交通运输部门，电气化的选择已经达到或正在接近能够触发快速增长的临界点，但还需要来自决策者和监管者的进一步推动，来实现这些领域所需的市场转型。有三条行动路径可以在未来 10 年提高可再生能源在长三角区域范围内电力供给中的比例：（1）在更大范围应用竞争性电力市场并提高它们的效力；（2）转变电力公司商业模式和能源采购方式；（3）加强规划和融资机制。这些行动有助于推动市场的持续发展，充分发挥可再生能源的成本优势，同时确保管理系统灵活性和整合分布式能源的能力。

三、完善新技术商业应用生态系统，推动清洁技术发展

低碳能源系统转型的推进速度超过了几乎所有人的期待。虽然不是所有领域，但在全球规模的制造领域实现了清洁能源技术成本大幅下降。一部分关键技术领域在未来 3—5 年的进步将尤其重要，会通过特定杠杆作用加速变革。可再生能源技术已证明了全球规模制造业的研究和发展可以将全球脱碳策略从"成本限制"转向价值创造。加强利益相关方之间的协调与合作可以驱动技术向成本下降的良性循环发展，以更低的成本吸引更多需求，从而进一步降低成本。参与清洁技术创新的组织机构可以开发与制药和生物技术领域类似的更全面、系统层面的商业化生态系统，以此解决技术商业化面临的障碍。公共和私营部门对技术发展循环有针对性的干预可以帮助关键技术更快地达到新的竞争性成本临界点。在技术创新、实践中学习和规模化应用等方式的共同作用下，光伏、风电、电池和 LED 照明的成本在过去 10 年中的下降幅度超过了 80％。这些清洁能源技术的价格下降改变了我们对可行解决方案以及能源转型成本的认知。在全球大多数地区，问题已不再是可再生能源发电的竞争力是否能够超越煤炭、天然气和其他传统发电方式，而是可再生能源何时将替代这些技术。而在许多地区，这种替代已经成为现实。

这些价格的下降是循序渐进的过程和协调工作的结果，这些工作包括快速扩大全球生产规模以降低成本，同时持续改进设计、材料、生产工艺、质量、性能、物流和产品整合等各个环节。新技术在实现大范围应用的过程中会面临种种障碍和挑战，这常被称为"死亡谷"。相对于碎片化和分散化的方式，利用一个更全面的系统层面商业化生态系统来快速填补各部门间关键技术的缺口，可以帮助新技术在未来 10 年中更快地投入市场。根据新技术的类型、成熟程度和市场情况，加速新技术的开发与应用需要不同的干预手段：对于已经克服了技术风险，但成本依然过高的技术，我们可以通过刺激需求或供给来

加大学习曲线的坡度并降低成本;①对于尚未成熟的技术,我们可以打造生态系统,帮助学术界、企业家、风险投资、公司和政府进行无缝协调,以指导影响广泛的技术跨越各种"死亡之谷"。

四、重构工业部门,打造零碳工业体系

要确保重工业、长途运输和航空等部门步入与电力供给部门同步的脱碳路径,就亟须加速这些部门的减排行动。下一次工业革命将依赖于三种路径:去物质化、提高能源生产率以及零碳材料与能源替换。四大综合性跨部门手段:与气候目标一致的风险金融、自上而下和自下而上的政策支持、竞争性市场动态、催化合作,能够调整激励因素来推动工业脱碳。转变经济模式以提高材料和能源的循环使用可以在2050年前实现40%的减排,还不包括对产品和服务更频繁的深度再设计,在整合技术与改善设计方面具备的更大潜能。通过更快速的资金周转可以在材料生产领域和运输物流及车辆设计领域分别实现10%—20%和20%—60%的计划外的能源生产率提升。在二三十年内完成新材料和能源供给(如绿色氢能和钢铁)的快速替代并非史无前例,并且可以通过技术和市场设计方面的协调行动得以实现。再工业化不可避免。今天的重工业部门生产和加工原材料与燃料,将在漫长复杂的价值供应链中运往全球各地,造成了全球约42%的温室气体排放。我们需要新的工业革命来将经济增长的碳足迹降低至可持续的水平。如果不解决钢铁、水泥、化学和天然气等最大工业子部门的排放问题,任何脱碳途径都是徒劳的。根据政府间气候变化专门委员会数据,到2030年,工业部门需要完成40%—50%的减排才能避免气候变化的最坏影响。要调整激励举措以加速转型。下一次工业革命将沿着三条主要路径进行:减少我们使用的材料与产品数量(去物质化);用更少的能源维持相同的产量(提高能源生产率);将生产工艺变为零碳工艺(脱

① 武晓娟.中国有条件成为能源新技术领跑者[N].中国能源报,2019-11-25.

碳）。四大关键手段可以帮助我们在理想的时间内转型到这些路径：（1）竞争性市场动态，一方面会随着更多制造商希望有能力采用与气候目标一致的生产方式而提高对认证低碳商品的需求，另一方面还在提供更多技术解决方案来使这种先进性得以实现。（2）与气候目标一致的催化性金融，是出于投资者对气候和转型风险的敏感性而提出资产与负债构成应与气候目标保持一致性。这种重新评估将因实质性风险意识及风险投资风险承受能力的提高而获得支持，从而在所需的时间范围内大规模推动低碳工业技术解决方案的商业化，重新配置资本投资以淘汰高碳排放资产。（3）自上而下和自下而上的政策，包括国家工业政策和对市场开发的支持以提高公众对经认证的绿色产品的需求。（4）多利益相关方合作，以催化实用的技术或市场解决方案来应对挑战，进而使各部门发展路径符合 2030 年和 2060 年长三角脱碳轨迹的需求。通过这些和其他更多杠杆式解决方案，面向消费者的最终脱碳成本将非常低，并且通过相互协调的行动来测试和迅速扩大新解决方案的规模，很可能进一步使成本降低为零。

五、完善绿色金融体系，确保快速而公正的转型

向清洁能源经济的转型不仅可以避免气候变化导致的最坏的后果，同时也能为我们的经济和社区带来显著的净收益。要确保完成安全的转型，我们必须用零碳资产替代所有现有和未来的碳密集型资产来最小化不必要的实质性和转型风险。因此，必须通过可预测和控制的颠覆性和改革性行动推动转型以所需的速度推进。采用新的工具和方法来加速投资和资本存量周转，确保能源供应，降低转型成本和避免对衰退产业和社区的负面影响，对最大化全球清洁能源转型的净价值而言至关重要。全球大部分温室气体的排放都来自在全球经济中提供重要服务的资产，例如发电的电厂、运输人与物质的交通工具、制造水泥、玻璃等建筑材料和其他复杂产品的工厂等。及时的能源转型需要转变这些资产存量，并将其替代为能够以最小气候影响代价提供同样服务

的新型资产。综合性的转型方式包括四个方面的金融手段：创建新的低碳资产；停止扩建高碳强度的资产；加速现有碳密集型资产的退役；提高现有的和新兴的资本存量的生产效率。

从传统经济向绿色经济转型过程中，金融监管部门还要处理好两类环境风险：一是极端气候变化对实体经济的冲击带来的风险；二是在转型过程中，与传统能源相关的资产可能受到侵蚀，从而影响金融机构稳定的风险。资本存量的转变是及时完成长三角区域能源转型的关键。工业化程度高的地区和工业化程度低的地区面临的挑战在某些程度上是不同的，但在所有地区，来自公共和私营领域的各利益相关方都必须提前做好准备，并支持从高碳向低碳经济的转型。

工业化程度高的城市现有的高排放资本存量的饱和度更高，需要显著改变高碳强度的现状。气候变化和能源转型的速度正在提高工业化地区中资产管理者、投资者和金融监管者对实质性风险和市场风险的认识。具体而言，四个方面的力量正在增加金融部门在全球实体经济脱碳进程中的压力：（1）地方投资政策迅速转变，以规避资产搁浅风险，如用低碳资产（可再生能源）替代高碳资产（化石燃料发电）的"钢铁替代燃料"解决方案。（2）金融市场对颠覆做出反应，将其视为一种新的技术经济模式，会对市场现有核心利益相关方的份额、增长速度和估值造成影响。（3）金融监管扩大范围，以管理变化中的气候和能源市场带来的系统性风险。（4）投资者和资产管理者通过自愿行动，特别是以加强投资组合气候一致性的方式来支持实体经济的转变。

能源部门可以通过精心设计发展战略，利用高效及合理规模的可再生能源替代化石燃料发电资产，为长三角区域尚未获得可靠能源供应的人群提供服务。为大规模资本投资制定跨越式解决方案需要定向资金来支持方案的商业可行性，来自公共和私营领域的利益相关方之间的高效合作，以及由绿色银行和财务顾问组成的网络将资本投向清洁能源解决方案。工业化程度低的地区高碳资产"锁定"比例较低，有机会通过跨越式发展确保合理规模的低碳资本存量。虽然从高碳资产向低碳资产的资本转型可为社会提供长期的净效益,但转型可能会对不同地区带来不平等的影响。要满足转型对人力规模的需求,各种级别的公共和私营机构都应将最小化对社区的干扰作为责任和关注点。公共部门在社区、社会安全网和"绿色"工业化策略中的投资,以及私营部门对劳动力再培训和资产再利用的关注都将至关重要。

完善绿色金融政策体系,需要完善金融审慎监管框架。一方面,宏观审慎框架增加气候风险因素。在管理环境风险的层面,金融监管机构可以通过出台环境审慎监管政策,将系统性的环境风险纳入宏观监管框架。这一举措将环境因素纳入宏观审慎考量指标中,通过提高对碳密集资产的要求内化了它们的转型风险。另一方面,完善绿色标准与信息披露制度。央行等金融监管部门可以在资产评判标准中增加对环境因素的考量。央行可以将ESG指标作为资产投资和抵押的评估条件。采用ESG原则管理政府养老金,购入绿色债券作为自有投资,禁止购入涉及煤炭能源生产或导致严重环境破坏的公司的相关资产。监管部门需要建立棕色资产的风险暴露和处理机制,维护绿色转型的金融稳定。在绿色发展过程中要防范绿色转型风险(transition risks)对实体经济和金融体系的冲击。为了评估金融系统对环境风险的敞口大小以及绿色转型对其造成的影响,央行需要定期进行压力测试评估金融机构面对冲击的耐受性。这一措施可以使央行有效推动绿色金融的信息透明化,让环境风险内化为金融风险,使投资者对其面临的投资风险有所了解,还可以据此调整审慎监管框架,将识别出的弱点环节纳入调控体系。

六、组建长三角城市碳中和联盟,打造学习交流平台

一是推动和提升长三角区域城市低碳发展全面合作。长三角区域尚在快速城市化进程中,面临应对气候变化共同挑战,长三角区域城市加强低碳发展合作的潜力巨大。通过加强长三角区域城市间的结对交流与合作,鼓励相似程度较高的长三角区域城市加强碳中和合作,在特大型城市低碳发展、传统工业城市低碳转型、中小城市培育低碳特色产业等方面,推进政府、企业、智库等

全方位合作，积极探索不同类型城市碳中和模式和创新经验，大力推动两国向绿色低碳发展转型，将城市碳中和与可持续发展打造成长三角区域一体化发展的新亮点，展现长三角区域的气候领导力，为我国其他区域碳中和合作提供标杆，也为全球其他国家，特别是发展中国家的城镇化提供经验与参考。

二是促进创新政策、最佳实践经验交流和技术研发合作。推动长三角区域城市以双边、多边等方式，在低碳技术、最佳实践、创新政策、商业模式等方面加强交流合作。鼓励长三角区域不同城市之间发挥互补优势，围绕绿色建筑、高效汽车、清洁能源、智慧城市等重点领域，加强相互投资和技术共同研发，不断挖掘利益共同点和合作潜力。构建开放式交流平台和网络，促进低碳技术产品、市场需求与各级政府有效对接。

三是完善促进先锋城市尽早碳中和的综合政策支持体系。充分发挥先锋城市的探索精神，鼓励先锋城市从实际出发，以制度创新为重点，及时总结经验模式，在全国各个地区实现复制推广。严把低碳准入门槛，鼓励先试先行，在政府绩效管理、产业政策、经济手段、法规标准等方面大胆创新。对碳中和进展成效显著的城市，在财政资金、土地利用、项目安排等方面，加大奖励支持力度。鼓励先锋城市加快出台并实施严于国家要求的低碳相关标准，对高耗能、高排放企业开展强制能源审计。促进先锋城市加快低碳领域的法规标准建设，把碳中和相关活动全面纳入法治轨道。

四是健全清单编制、统计监测等基础工作体系。在开发和编制城市温室气体清单数据库的基础上，搭建和完善城市碳排放综合管理平台，主要包括清单管理、清单编制、清单分析等功能，从工业、建筑、交通等领域加强城市能源统计、温室气体排放清单编制等能力建设，推进数据公开透明、科学规范。利用物联网、大数据等技术，加强城市工业、建筑、交通等领域能源消费和二氧化碳排放监测。

参 考 文 献

[1] Felder, J. Coase Theorems 1 – 2 – 3[J]. The American Economist, 2001, 45(1).

[2] Levin S, Xepapadeas T, Crépin A S, et al. Social-ecological systems as complex adaptive systems: Modeling and policy Implications [J]. Environment and Development Economics, 2013, 18(2).

[3] Ostrom E. A general framework for analyzing sustainability of social-ecological systems[J]. Science, 2009, 325(5939).

[4] Chaffin B C, Gosnelland H, Cosens, B A. A decade of adaptive governance scholarship: Synthesis and future directions[J]. Ecology and Society, 2014, 19(3).

[5] Brunner R D, Steelman T A, Coe-Juell L, et al. Adaptive Governance: Integrating Science, Policy, and Decision Making [M]. New York: Columbia University Press, 2005.

[6] Garmestani A S, Benson M H. A framework for resilience-based governance of social-ecological systems[J]. Ecology and Society, 2013, 18(1).

[7] Folke C, Hahn T, Olsson P, et al. Adaptive governance of social-ecological systems [J]. Annual Review of Environment and Resources, 2005, 30(1).

[8] Stoker G. Governance as theory: Five propositions[J]. International Social Science Journal, 1998, 50(155).

[9] Berkes F. Evolution of co-management: Role of knowledge generation, bridging organizations and social learning[J]. Journal of Environmental Management, 2006, 90(5).

[10] Wood D., Barbara G., Toward a Comprehensive Theory of Collaboration[J]. Journal of Applied Behavioral Science, 27(2), 1991.

[11] IEA.Net Zero for 2050: A Roadmap for the Global Energy Sector[N/OL]. [18 May 2021]. https://www. iea. org/events/net-zero-by-2050-a-roadmap-for-the-global-energy-system.

[12] Paul R. Ehrlich and John P. Holdren. Impact of population growth[J]. Science, 1971, 171(26).

[13] Kaya, Y, Yokobori, K. Environment, energy and economy: Strategies for sustainability[M]. Tokyo: United Nations University Press, 1997.

[14] Hu, J., Wu, L., Zheng, B., Zhang, Q., He, K., Chang, Q., ... & Zhang, H.. Source contributions and regional transport of primary particulate matter in China [J]. Environmental Pollution, 2015, 207.

[15] Li, X., Zhang, Q., Zhang, Y., Zheng, B., Wang, K., & Chen, Y., et al. Source contributions of urban pm 2.5, in the Beijing – Tianjin – Hebei region: changes between 2006 and 2013 and relative impacts of emissions and meteorology [J]. Atmospheric Environment, 2015, 123.

[16] Xu C. et al. Benefits of coupled green and grey infrastructure systems: Evidence based on analytic hierarchy process and life cycle costing[J]. Resources Conservation & Recycling, 2019, 151.

[17] Chen S. et al. Benefit of the ecosystem services provided by urban green infrastructures: Differences between perception and measurements [J]. Urban Forestry & Urban Greening, 2020, 54.

[18] Mekala G. D. , MacDonald D. H.. Lost in Transactions: Analyzing the Institutional Arrangements Underpinning Urban Green Infrastructure[J]. Ecological Economics, 2018, 147.

[19] Crawford, S.E., Ostrom, E.. A grammar of institutions. American Political Science Review[J]. American Political Science Review, 1995, 89(3).

[20] John D., Stephen H., et al.. Barrier identification framework for the implementation of blue and green infrastructures[J]. Land Use Policy, 2020.

［21］Cai W, Zhang C, Suen HP, et al. The 2020 China report of the Lancet Countdown on health and climate change［J/OL］. Lancet Public Health 2020. ［Dec 2. 2020］. https://doi.org/10.1016/S2468-2667(20)30256-5.

［22］IREA (International Renewable Energy Agency), IEA (International Energy Agency) and REN21,. Renewable Energy Policies in a Time of Transition［R/OL］. ［April 2018］. www. irena. org/publications/2018/Apr/Renewable-energy-policies-in-a-time-of-transition.

［23］De Vivero et al. Transition towards a Decarbonised Electricity Sector: A Framework of Analysis for Power System Transformation［R/OL］. ［02 October, 2019］. https://newclimate.org/2019/10/02/transition-towards-a-decarbonised-electricity-sector.

［24］Webb M. et al.. Urban Energy and the Climate Emergency: Achieving Decarbonisation via Decentralisation and Digitalisation［R/OL］. ［31 March 2020］. https://urbantransitions. global/wp-content/uploads/2020/03/Urban_Energy_and_the_Climate_Emergency_web_FINAL.pdf.

［25］Broekhoff, D., Webb, M., Gençsü, I., et al. Decarbonising electricity: How collaboration between national and city governments will accelerate the energy transition［R/OL］. ［11 March 2021］. https://urbantransitions.global/publications.

［26］Davis, S.J., et al.Net-zero emissions energy systems［J］. Science, 2018. 360(6396).

［27］Rogelj, J., Luderer, G. et al. Energy system transformations for limiting end-of-century warming to below 1.5℃［J］. Nature Climate Change, 2015, 5(6).

［28］INTEGRATED SUSTAINABILITY REPORT 2019/2020: Safeguarding Singapore for a Sustainable Future［R/OL］.［2020］.https://www. nea. gov. sg/docs/default-source/resource/publications /annual-report/nea-integrated-sustainability- report-2019-2020-(lores).pdf.

［29］One NYC. The New York City Community Air Survey: Neighborhood Air Quality 2008－2017［R/OL］.［2019］. https://nyc-ehs.net/besp-report/web/nyccas.

［30］EEA. Air Implementation Pilot［R/OL］. ［2013－06－07］. https://op.europa.eu/en/publication-detail/-/publication/58f6afaf-4c21-4314-831f-58c36957fc60/language-en/format-PDF/source-210577046.

[31] EEA. Assessment of ground-level ozone in EEA member countries, with a focus on long-term-trends[R/OL].[2009 - 10 - 06]. https://op.europa.eu/en/publication-detail /- /publication/04ad7e2a-fdba-4a2b-9210-03c4049bb274/language-en/format-PDF/source-210577915.

[32] 潘家华,郑艳,田展等.长三角城市密集区气候变化适应性及管理对策研究[M].北京：中国社会科学出版社,2018.

[33] 韩梦瑶,刘卫东,谢漪甜,等.中国省域碳排放的区域差异及脱钩趋势演变[J].资源科学,2021,43(4).

[34] 蒋洪强,张伟,张静.通过碳达峰行动构建新发展格局[N].中国环境报,2021 - 2 - 9.

[35] [德]赫尔曼·哈肯.协同学：大自然构成的奥秘[M].凌复华,译.上海：上海译文出版社,2005.

[36] 吴殿廷,丛东来,杜霞.区域地理学原理[M].南京：东南大学出版社,2016.

[37] 于新东.中国区域经济发展报告(2019—2020)：长三角区域经济一体化经济增长效应分析[R].北京：社会科学文献出版社,2020.

[38] 刘志彪.长三角区域市场一体化与治理机制创新[J].学术月刊,2019,51(10).

[39] 刘俏."碳中和"给经济学提出哪些新问题[N].光明日报,2021 - 5 - 12.

[40] 刘志彪.长三角区域高质量一体化发展的制度基石[J].学术前沿,2019(2).

[41] 韩林桅,张淼,石龙宇.生态基础设施的定义、内涵及其服务能力研究进展[J].生态学报,2019,39(19).

[42] 陈义勇,俞孔坚.古代"海绵城市"思想——水适应性景观经验启示[J].中国水利,2015(17).

[43] 栾博,柴民伟,王鑫.绿色基础设施研究进展[J].生态学报,2017,37(15).

[44] 张学良,林永然,孟美侠.长三角区域一体化发展机制演进：经验总结与发展趋向[J].安徽大学学报(哲学社会科学版),2019,43(1).

[45] 胡艳,张安伟.长三角区域一体化生态优化效应研究[J].城市问题,2020(6).

[46] 人民日报评论部.山水林田湖草是生命共同体[N].人民日报,2020 - 8 - 13.

[47] 范恒山.推动长三角城市合作联动新水平[N].文汇报,2017 - 3 - 28(7).

[48] 陈建军,陈菁菁,黄洁.长三角生态绿色一体化发展示范区产业发展研究[J].南通大学学报(社会科学版),2020,36(2).

［49］陈雯,刘伟,孙伟.太湖与长三角区域一体化发展:地位、挑战与对策［J］.湖泊科学,
2021,33(2).

［50］李培林等.建设具有全球影响力的世界级城市群［M］.北京:中国社会科学出版
社,2017.

［51］王振等.长三角协同发展战略研究［M］.上海:上海社会科学院出版社,2018.

［52］陈雯,王珏,孙伟.基于成本——收益的长三角地方政府的区域合作行为机制案例分
析［J］.地理学报,2019(2).

［53］薛文博等.中国 $PM_{2.5}$ 跨区域传输特征数值模拟研究［J］.中国环境科学,2014,34(6).

［54］陈秋玲.弘扬"共同体"意识,打造一体化"硬核"［N］.文汇报.2020-6-11.

［55］王书肖,程真等.长三角区域霾污染特征、来源及调控策略［M］.北京:科学出版
社,2016.

［56］周冯琦,程进.长三角环境保护协同发展评价与推进策略［J］.环境保护,2016(11).

［57］汪伟全.空气污染跨域治理中的利益协调研究［J］.南京社会科学,2016(4).

［58］董骁,戴星翼.长三角区域环境污染根源剖析及协同治理对策［J］.中国环境管理,
2015,7(3).

［59］屠红洲.长三角地区能源消费碳排放与经济增长关系的实证研究［D］.华东师范大
学,2018.

［60］程雨燕.地方政府应对气候变化区域合作的法治机制构建［J］.广东社会科学,2016(2).

［61］陈海燕.长三角地区居民消费对碳排放的影响研究［D］.合肥工业大学,2013.

［62］徐智明.长三角地区居民消费碳排放的测算及影响因素分析［D］.合肥工业大学,2014.

［63］胡玥.多尺度绿色基础设施网络结构的规划研究——以长三角区域和上海市为例
［D］.华东师范大学,2016.

［64］吴晓,周忠学.城市绿色基础设施生态系统服务供给与需求的空间关系——以西安市
为例［J］.生态学报,2019,39(24).

［65］张晨,郭鑫,翁苏桐,高峻,付晶.法国大区公园经验对钱江源国家公园体制试点区跨
界治理体系构建的启示［J］.生物多样性,2019,27(1).

［66］发展改革委网站.发展改革委关于开展第三批国家低碳城市试点工作的通知［N/
OL］.[2017-01-24].http://www.gov.cn/xinwen/2017-01/24/content_5162933.htm.

［67］发展改革委网站.关于开展低碳省区和低碳城市试点工作的通知(发改气候[2010]

1587 号)[N/OL].[2010 - 07 - 19].https://zfxxgk.ndrc.gov.cn/web/iteminfo.jsp?
id=1070.

[68] 宿海良,东高红,王猛,袁雷武,费晓臣.1949—2018 年登陆台风的主要特征及灾害成
因分析研究[J].环境科学与管理,2020,45(5).

[69] 自然资源部.2019 年中国海洋灾害公报[R].[2020 - 04 - 30].http://gi.mnr.gov.cn/
202004/t20200430_2510979.html.

[70] 解振华.深入推进新时代生态环境管理体制改革[J].中国机构改革与管理,2018(10).

[71] 江苏省人民政府-数据发布.江苏能源生产发展呈现新局面[R/OL].[2019.09.20].
http://www.jiangsu.gov.cn/art/2019/9/20/art_34151_8716548.html.

[72] 江苏省人民政府-数据发布.能源结构显著优化,节能降耗成效巨大[R/OL].[2019 -
09 - 17].http://www.jiangsu.gov.cn/art/2019/9/17/art_34151_8713627.html.

[73] 中华人民共和国生态环境部.城市空气质量状况月报[R/OL].[2020].http://
www.mee.gov.cn/hjzl/dqhj/cskqzlzkyb/.

[74] 中华人民共和国生态环境部.中国移动源环境管理年报(2020)[R/OL].[2020 - 08 -
10].http://www.mee.gov.cn/hjzl/sthjzk/ydyhjgl/.

[75] 中国清洁空气政策伙伴关系.中国空气质量改善的协同路径(2020):气候变化与
空气污染协同治理[R/OL].[2020 - 12 - 10].http://www.ccapp.org.cn/dist/
reportInfo/225.

[76] 周伟铎,庄贵阳.共建绿色基础设施,共享安全韧性长三角[N].中国环境报,2020 -
9 - 30.

[77] 长三角城市群重点工业发展与空间布局特征[R/OL].[2020 - 11 - 20].https://
cyrdebr.sass.org.cn/2020/1120/c5524a99195/page.htm.

[78] 李光辉.产业如何顺势而为、引领未来[N/OL].[2021 - 4 - 25].https://www.
thepaper.cn/newsDetail_forward_12380399_1.

[79] 张舒恺.园区打好碳中和"硬仗"的战略路径[N/OL].[2021 - 4 - 29].https://www.
thepaper.cn/newsDetail_forward_12457685.

[80] 落基山研究所.最佳城市达峰减排实践比较和分享[R/OL].[2018 - 3 - 22].http://
www.rmi-china.com/index.php/news? catid=18.

[81] 王芬娟,胡国权.欧洲绿色城市建设经验和启示:应对气候变化报告(2017)[R].北京:

社会科学文献出版社,2017.

[82] 梁志飞,陈玮,张志翔,丁军策.南方区域电力现货市场建设模式及路径探讨[J].电力系统自动化,2017,41(24).

[83] 刘钊,蔡闻佳,宫鹏.气候变化对人群健康的影响及其应对策略:应对气候变化报告(2019)[R].北京:社会科学文献出版社,2019.

[84] 水电水利规划设计总院.中国可再生能源国际合作报告2019[R/OL].[2020-7-6].http://111.207.175.230/ewebeditor/uploadfile/20200706160410750001.pdf.

[85] 广东省环境科学研究院.珠三角地区空气质量达到WHO-Ⅲ水平的中长期战略研究[R/OL].能源基金会中国:2020.https://www.efchina.org/Reports-zh/report-cemp-20200413-zh? set_language=zh.

[86] 亚洲清洁空气中心(菲律宾)北京代表处.定标起航-环境空气标准系列文章-修订篇[R].北京:2020.

[87] 廖程浩,曾武涛,张永波,等.美加跨境大气污染防控合作体制机制对粤港澳大湾区的启示[J].中国环境管理,2019,11(5).

[88] 孙瑜颢.欧盟主要国家大气污染治理经验对我国的启示及案例分析[D].北京:对外经贸大学,2015.

[89] 周伟铎.长三角区域协同打赢蓝天保卫战的机制路径与对策[R].北京:社会科学文献出版社,2020.

[90] 武晓娟.中国有条件成为能源新技术领跑者[N].中国能源报,2019-11-25.

图书在版编目(CIP)数据

碳中和导向的长三角生态绿色一体化发展 / 周伟铎
著 .— 上海 ： 上海社会科学院出版社，2022
ISBN 978 - 7 - 5520 - 3749 - 4

Ⅰ.①碳… Ⅱ.①周… Ⅲ.①长江三角洲—可持续性
发展—研究 Ⅳ.①X22

中国版本图书馆 CIP 数据核字(2021)第 240332 号

碳中和导向的长三角生态绿色一体化发展

著　　者：周伟铎
责任编辑：熊　艳
封面设计：周清华
出版发行：上海社会科学院出版社
　　　　　上海顺昌路 622 号　邮编 200025
　　　　　电话总机 021 - 63315947　销售热线 021 - 53063735
　　　　　http://www.sassp.cn　E-mail：sassp@sassp.cn
排　　版：南京展望文化发展有限公司
印　　刷：上海天地海设计印刷有限公司
开　　本：710 毫米×1010 毫米　1/16
印　　张：16.25
字　　数：235 千
版　　次：2022 年 2 月第 1 版　　2022 年 2 月第 1 次印刷

ISBN 978 - 7 - 5520 - 3749 - 4/X · 022　　　　定价：88.00 元